中国能源革命与先进技术丛书

李立浧　丛书主编

生物质能技术发展战略研究

陈　勇　主编

机 械 工 业 出 版 社

本书从生物质产生的特性出发，将生物质分为以人类主动种植生产的能源作物为代表的主动型生物质，以及以人类社会生产生活过程中产生的有机废物为代表的被动型生物质两大类，并依据其特点提出了相对应的能源利用方式，包括生物质直燃发电、生物质气化发电耦合资源化利用、生物质厌氧发酵产电耦合资源化利用、生物质耦合燃煤发电、生物质制氢及氢能发电等技术。全书从每项生物质能利用技术的概况、理论、工艺、技术和典型案例等方面详细阐述了如何实现生物质能的利用，以及未来的发展趋势。同时提出了我国生物质发电技术的发展目标及路线图，总结了现阶段我国生物质能利用存在的问题，并提出了优先发展被动型生物质等发展建议。

本书可作为能源系统、电力系统、能源技术、能源政策以及能源金融等行业相关研究人员的参考用书。

图书在版编目（CIP）数据

生物质能技术发展战略研究／陈勇主编．—北京：机械工业出版社，2021.8

（中国能源革命与先进技术丛书）

ISBN 978-7-111-68917-1

Ⅰ．①生…　Ⅱ．①陈…　Ⅲ．①生物能源-研究　Ⅳ．①TK6

中国版本图书馆 CIP 数据核字（2021）第 162477 号

机械工业出版社（北京市百万庄大街 22 号　邮政编码 100037）
策划编辑：汤　枫　　责任编辑：汤　枫
责任校对：张艳霞　　责任印制：常天培
北京机工印刷厂印刷

2021 年 11 月第 1 版・第 1 次印刷
169mm×239mm・13.5 印张・1 插页・329 千字
标准书号：ISBN 978-7-111-68917-1
定价：119.00 元

电话服务
客服电话：010-88361066
010-88379833
010-68326294

网络服务
机　工　官　网：www.cmpbook.com
机　工　官　博：weibo.com/cmp1952
金　　书　　网：www.golden-book.com
机工教育服务网：www.cmpedu.com

丛书编委会

本书编委会

前　言

生物质是指通过光合作用形成的各种有机体，而生物质能则是太阳能以化学能形式贮存在生物质中的能量形式，即以生物质为载体的能量，是一种洁净且可再生的能源，也是唯一可替代化石能源转化成气态、液态和固态燃料以及其他化工原料或者产品的可再生资源。根据是否是可主动控制、可规划、可定量的正常能源，还是难以主动控制、难以规划、难以定量的有机废物，将生物质分为主动型生物质和被动型生物质两类。于此，生物质能也可分为主动型生物质能和被动型生物质能两类。

被动型生物质，产生于人类生产生活过程中排出的有机废物，主要包括农林废物、生活垃圾、畜禽粪便等。随着经济和社会的发展，被动型生物质的产生量巨大。据统计，我国每年产生的生活垃圾约4亿t、畜禽粪便约45亿t、农林废物约16亿t，这些生物质量大面广，若不加以有效处置，将成为巨大的污染源。而若将其中的有机废物进行“逆向生产”，通过一系列关键技术创新和集成，则可产生超过10亿t标准煤、约7000万t的有机肥、约1900亿m^3的沼气等多种产品。由此可见，被动型生物质是巨大的能源库和资源库，是有待进一步挖掘的宝库。目前，生物质综合利用技术研究集中于好氧堆肥、饲料化、共炭化、热解制生物柴油、发电等方面。而其中生物质发电技术是目前国际上发展规模最大也是最为成熟的生物质能源化利用技术。因此，本书主要聚焦于生物质发电技术。

近年来，世界各国都致力于发展生物质发电技术，通过技术创新、装备开发等，以实现生物质资源的高效、高值化利用，并纷纷将此类技术应用于实际的生产和生活中。其中，生物质直燃发电、耦合发电、气化发电等发电方式已经实现了示范及产业化的大规模运用。世界许多国家为持续鼓励生物质发电，颁布了各项补贴政策，生物质发电总体向好，市场规模巨大，生物质发电厂建设将保持持续快速增长。本书系统性地阐述了国内外生物质发电现有技术状况及相关研究进展，重点描述了生物质直燃发电、生物质气化发电耦合资源化利用、生物质厌氧发酵产电耦合资源化利用、生物质耦合燃煤发电、生物质制氢及氢能发电等相关生物质发电技术的国内外发展概况及其发电原理、特点、流程等理论，以及发电技术要点和典型工程等，以加强生物质发电技术方面的基础研究，加大关键技术的攻关。此外，本书还进一步对我国生物质发电技术的发展目标及其线路图进行了预测规划，探究了我国生物质利用的现状及问题，为生物质能技术的发展提出了相应的保障措施和建议。

总之，通过生物质的应用，尤其是被动型生物质的广泛应用，结合高效的生物质发电技术研发，创新性地开发高效、低耗的生物质发电系统技术和装备，可以实现生物质的高效转化及应用，支撑双碳目标实现，助力美丽乡村建设。

由于编者水平有限，书中难免存在不妥之处，敬请广大读者批评指正。

编　者

目　　录

第1章　生物质简介

生物质是指通过光合作用形成的各种有机体，而生物质能则是太阳能以化学能形式贮存在生物质中的能量形式，即以生物质为载体的能量，属于可再生能源。生物质能作为一种洁净且可再生利用的能源，是唯一可以替代化石能源转化成气态、液态和固态燃料以及其他化工原料或者产品的可再生资源。据估计，全世界每年由光合作用而固定的碳达 2×10^{11} t，含能量约 3×10^{18} kJ，可开发的能源约为全世界每年耗能量的 10 倍；生成的可利用干生物质约为 1700 亿 t，而目前将其作为能源来利用的仅为 13 亿 t，约占其总产量的 0.76%，因此，生物质资源开发利用的潜力巨大。

生物质具有许多优点：①分布广泛，储量巨大，可不断再生；②从生物质资源中提取或转化得到的能源载体更具市场竞争力；③开发生物质能资源，可以促进经济发展，增加就业机会，具有经济与社会双重效益；④在贫瘠的或被侵蚀的土地上种植能源作物或植被，可以改良土壤，改善生态环境，提高土地的利用率；⑤城市内燃机车辆使用从生物质资源提取或生产出的甲醇、液态氢时，有利于环境保护。

1.1　生物质分类

根据其是否是可主动控制、可规划、可定量的正常能源，还是难以主动控制、难以规划、难以定量的有机废物，可以将生物质分为主动型生物质和被动型生物质两类。同理，生物质能可分为主动型生物质能和被动型生物质能两类。

1.1.1 主动型生物质

主动型生物质是人类为了满足能源和资源的需求，主动且有规划地种植的作物，包括富含糖类、淀粉类、油脂类、纤维素类的植物和微藻，可纳入正常的能源体系。

1. 我国能源植物种植资源分析

能源植物种类繁多，生态分布广泛，有木本、乔木和灌木类等。据统计，我国能源植物主要的科有大戟科、樟科、桃金娘科、夹竹桃科、菊科、豆科、山茱萸科、大风子科和萝藦科等。依据能源的转化方式，可以将能源植物分为以下几类。

（1）纤维素类能源植物

纤维素类能源植物主要由纤维素、半纤维素及木质素组成。富含纤维素类的能源植物可以通过转化获得热能、电能、乙醇和生物质气体等。一般情况下，天然纤维素和其他结构的多聚物基质共同构成植物的结构主体，植物干重的35%~50%是纤维素，20%~35%是半纤维素，还有5%~30%是木质素。我国草本纤维素类能源植物的主要种类、特性及分布地区见表1-1。

表1-1 我国草本纤维素类能源植物的主要种类、特性及分布地区

植物种类	分类学名称	干生物质产量	生物学特性	分布地区
芒草	禾本科芒属	20~50 t/hm^2	多年生，株高3~7 m，丛生或散生，分蘖数40~200个，耐旱、耐涝、耐瘠、耐寒、耐储藏、抗病虫害能力强，但耐盐碱能力较弱	东部、南部沿海、云南、四川和台湾
杂交狼尾草	禾本科狼尾草属	40~70 t/hm^2	高度不育，株高2~6 m，丛生，株型紧凑，分蘖数15~20个，耐旱、耐瘠、耐盐、抗病虫害能力强，但不耐低温和霜冻	广东、广西、湖南、湖北、四川、贵州、云南、福建、江西、台湾等地

（续）

植物种类	分类学名称	干生物质产量	生物学特性	分布地区
速生杨树	杨柳科杨属	—	乔木，树形高大，干形通直圆满，尖削度小，分枝粗度中等，树皮薄；对蛀虫有较强的抗性，高抗叶斑病和枝干溃疡病，且具有一定的抗旱性、抗寒性、耐水性	浙江、福建、广东、广西等地
芦竹	禾本科芦竹属	30～40 t/hm^2	多年生，株高 3～6 m，丛生但株型披散，适应性强，易于繁殖，耐旱、耐涝、耐热、耐冻、耐瘠	广泛分布
河八王	禾本科河八王属	35～45 t/hm^2	多年生，株高 3～5 m，丛生，耐瘠、耐旱、早熟、直立抗倒，抗病能力强，不耐低温	秦岭—淮河以南地区
斑茅	禾本科蔗茅属	30～50 t/hm^2	多年生，株高 2～6 m，丛生，喜温暖潮湿气候，耐盐、耐酸性土壤、耐旱、耐瘠、抗病虫能力强	长江以南地区
虉草	禾本科虉草属	6～15 t/hm^2	多年生，株高 0.6～1.5 m，多散生，分蘖旺盛，抗旱、耐涝、耐低温，不耐盐	北方地区
芨芨草	禾本科芨芨草属	5～12 t/hm^2	多年生，株高 0.5～2.5 m，丛生，根系强大，适应性强，耐寒、耐旱、耐瘠、耐盐碱	北方和青藏高原

注：资料来源为“我国草本纤维素类能源作物产业化发展面临的主要挑战与策略”。

（2）糖类、淀粉类能源植物

我国具有极其丰富的糖类生物质资源，富含糖类的能源植物能够直接通过发酵法生产燃料乙醇，涉及约 80 个品种，主要集中在菊科、禾本科、藜科、蔷薇科和葡萄科等，目前，被认为最具有发展潜力且能大面积种植的非粮能源植物有菊芋、甜高粱、甘蔗和甜菜等。其中，甜高粱是光合效率最高的作物之一，其生长速度快、生物学产量高、糖分积累快，除了能收获 3000～6000 kg/hm^2 的籽粒外，还可以获得高达 3000～4000 kg/hm^2 的茎叶。我国各地均可种植甜高粱。甘蔗是多年生高大实心草本，是我国制糖的主要原料，用甘蔗生产的糖占食糖总产量的 80% 以上。我国的甘蔗主产区主要分布在广西、云南、广东、海南、福建、台湾、四川、江西、贵州、湖南、湖北和浙江这 12 个地区。甜菜是除甘蔗以外的另一个主要的食糖来源，主要分散地种植在黑龙江、吉林、内蒙古、新疆和宁夏等省份的局部地区，少数种植于华北地区的少数省份。2014—2017年高粱、甘蔗和甜菜三种糖类作物的种植面积及产量见表1-2。

表1-2 2014—2017年高粱、甘蔗和甜菜三种糖类作物的种植面积及产量

作物	2014年		2015年		2016年		2017年	
	面积/万亩[①]	产量/万t	面积/万亩	产量/万t	面积/万亩	产量/万t	面积/万亩	产量/万t
高粱	928.80	288.50	861.00	275.20	937.80	298.50	759.75	246.50
甘蔗	2640.6	12561.10	2399.40	11696.8	2102.55	10321.50	2057.00	10440.40
甜菜	208.20	800.10	205.35	803.20	230.40	854.50	261.45	938.40

注：资料来源为中华人民共和国农业农村部。

① 1亩=666.6 m^2。

我国淀粉类能源植物资源非常丰富，如浮萍、木薯、甘薯、马铃薯等均可经过水解反应生产燃料乙醇。此外，还有一些野生的产淀粉的植物，如蕉芋、葛根、橡子、野百合、魔芋等。在目前的技术条件下，最具代表性和开发潜力的非粮淀粉类能源植物是木薯和浮萍。木薯是大戟科木薯属植物，具有超高的光、热、水资源利用率，其单位面积生物质产量几乎高于所有其他栽培作物，是热带地区最具经济效益的作物之一。我国木薯种植区集中在琼西—粤西区、桂南—桂东—粤中区、桂西—滇南区、粤东—闽西南区。浮萍是浮萍科植物的统称，包含青萍、多根紫萍、少根紫萍、芜萍和无根芜萍5个属，约38个品种。目前能源浮萍的研究在全球范围内还处于前期阶段。

（3）油脂类能源植物

富含油脂的能源植物如大豆、油菜籽可以加工成生物柴油，而麻疯树、棕榈、油楠、光皮树、黄连木、古巴香胶树等也可以直接用于生产接近石油成分的燃料，与石化柴油相比，油脂类生物柴油具有可再生、能量密度高、燃烧充分、尾气排放少等优点。我国最具有开发潜力的非粮油脂类能源植物有油料作物蓖麻和木本油脂类能源植物油桐树等。

蓖麻是一种深根作物，主要集中种植于内蒙古、吉林、山西和新疆等地，

是当前我国最具开发潜力的非粮油料作物，也是世界上最主要的非食用油料作物之一。而我国的木本油脂类能源植物资源也十分丰富，在现有木本（灌木）油脂类植物中，种子含油量在 40%以上的种质有 30 多种。其中，油桐树种子产量高，主要分布于我国长江以南和西南山地；油棕产油量高，仅分布于我国热带地区，包括海南、广东、广西和云南等部分地区；山桐子抗性强，广泛分布于长江以南地区和西南山地；而小桐子（麻疯树）在我国主要分布于广东、广西、云南、四川、贵州、台湾、福建、海南等地，集中在南方热带和亚热带的干热河谷地区。

（4）藻类资源（微藻、海藻）

藻类对环境条件要求不高，适应性强，几乎在地球上所有的环境中都能生存，它主要分布于水中，可以是淡水、海水或者半盐水。藻类植物种类繁多，且不同种类的能源藻贮藏的物质会有所不同，其中，硅藻以油脂为主，绿藻以淀粉或蛋白质为主。目前已知的藻类植物有七万余种，其中，微藻约占 70%。微藻主要由脂质、蛋白质、淀粉及碳水化合物组成，富含蛋白质的藻类如蓝藻（蛋白质含量为 48%），通过加工可用作肥料或动物饲料，而脂质含量很高（50%～70%）的藻类（如葡萄球微藻）可用来提取生物柴油。

2. 能源植物选种育种技术系统

面向农业生态文明建设和能源多元化等国家重大战略需求，围绕能源植物选种、育种、基因改良及规模化种植等科学问题，通过科技攻关与产业发展，我国力争在能源植物种质的收集与保存、种质资源评价与新种质创制及能源植物规模化种植关键技术方面取得关键性突破。目前，能源植物的选育与种植研发取得了显著成效：培育了一批以能源高粱和能源草为主，耐盐、抗虫、抗寒、抗旱、低木质素的能源植物新品种；开展了生物柴油、纤维素乙醇等原料树种不同基因型（种、种源、优树等）的资源收集研究，已初步建立了包括文冠果、无患子、小桐子、光皮梾木树、黄连木、山桐子、刺槐等的优良种质资源基因库；开展了以速生、高产、高能、高含油脂等为评价指标的优良种质的筛选技术研究，为后期新品种选育奠定了基础。例如，国内已审定的菊芋优良品系有“南芋”系列、“青芋”系列、“定芋 1 号”等，都是通过自然变异筛选获得的。其中，耐盐碱品种“南芋 1 号”适合在沿海地区盐分含量 3‰左右的滩涂地上种植；耐寒品种“青芋 1 号”适合在高海拔、高寒地区种植；“定芋 1 号”适合在半干旱地区种植。在甜高粱方面，筛选和培育了一系列优良甜高粱品种，如“M81-E”“凯勒”“雷伊”和“BJ238”，以及“雷能”和“科甜”系列甜高粱杂交种。在甜菜方面，中国农业科学院从多个国家引进了甜菜新品种，但从整体来看，在品种培育方面，仍主要是传统育种，而分子遗传育种才刚刚起步，且对培育出来的优良品种的利用与推广较少。

自“十一五”以来，我国对木薯产业的支持力度不断加大，已将木薯列为国家现代农业产业技术体系建设项目之一，在育种、栽培、病虫害防控、产品加工等方面都开展了一系列的研发工作，对我国木薯产业的发展起到了重要的推动作用。2000 年之后，随着“华南 205”“华南 5 号”“华南 124”“南植 199”和“GR911”等良种的推广及栽培与田间管理等技术的提高，木薯单产水平有了较快的发展。2005 年，全国木薯种植面积达 42 万 hm^2，鲜薯总产量达 736 万 t，单产为 17.5 t/hm^2，居世界第五位。广西木薯单产和总产量在国内各省份之间最高，广东次之。2019 年，我国木薯种植面积为 29.89 万 hm^2，产量达到 498.7 万 t，单产量为 16.68 t/hm^2。2010 年，《国务院办公厅关于促进我国热带农作物产业发展的意见》（国办发［2010］45 号）明确将木薯列为第二大类需要发展的热带作物，从国家战略层面对木薯产业的发展给予支持。

在规模化种植方面，结合畜牧业发展，我国已在内蒙古、河南、辽宁、吉林、广西、四川、重庆、海南等地规模化种植了甜高粱、柳枝稷、狼尾草、芒草和高粱草等。在甘蔗方面，广西农业科学院甘蔗研究所繁育示范推广的“桂糖 21 号”，于 2014—2019 年间累计种植面积达到 62.48 万亩，为我国目前自育种植面积最大的品种。目前，我国菊芋的规模化种植主要集中在西北地区，如甘肃的兰州、定西、白银等地及青海的西宁等地。初步建成的菊芋种质资源收集保存基地、品种选育及繁育基地、高产栽培技术研究与示范基地、菊芋有机原料生产基地等，为我国菊芋规模化种植树立了示范样板。在我国北方地区，并没有建立甜菜的规模化种植及高效栽培技术体系。油桐树、小桐子、乌桕、黄连木和文冠果等在我国具有较好的开发前景和种植基础，现有种植或零星分布的面积约为 480 万亩。

整体来看，我国能源植物品种培育还存在很多不足：研究与收集工作刚起步，不同单位收集的资源侧重点不同，相对分散；评价标准不同，缺乏可操作性，收集也具有盲目性；在品种培育方面，以传统育种为主，而分子遗传育种才刚起步，且培育出来的优良品种的利用与推广也较少。因此，作为战略资源储备，利用新技术筛选和种植优质、高效的能源植物，突破能源植物标准化和规模化种植关键技术，开发高效生物炼制技术将能源植物转化为气体或液体燃料，最终实现能源植物的高值化利用将成为今后研究的重点。但是，发展主动型生物质一定要解决与农业争地问题。

1.1.2　被动型生物质

被动型生物质主要产生于人们的生产生活中排出的有机废物，包括农林废物、生活垃圾和畜禽粪便等。

1. 农林废物

农林废物包括农业和林业废物，属于农业废物的有秸秆、蔗渣、米糠、稻壳、麸皮、饼粕、果渣、菜帮、薯渣等；属于林业废物的有树枝、树叶、树皮、木屑、锯末、废旧木材制造品等。

以秸秆和蔗渣为例，秸秆是成熟农作物茎叶（穗）部分的总称，农作物光合作用的产物有一半以上存在于秸秆中，秸秆中富含氮、磷、钾、钙、镁和有机质等，是一种具有多用途的可再生的生物资源；秸秆还是一种粗饲料，特点是粗纤维含量高（30%~40%），并含有木质素等，木质素虽不能被猪、鸡所利用，但却能被反刍动物牛、羊等牲畜吸收和利用，主要包括小麦秸秆、水稻秸秆和玉米秸秆。小麦秸秆主要分布在华北平原和东北平原，水稻秸秆主要分布在秦岭—淮河以南，玉米秸秆主要分布在北方和黄淮平原。

甘蔗的副产物蔗渣因为其能量收成所需的每单位需求耕种面积很低，被归属为较不昂贵的能量来源之一，可用于造纸、生产燃料酒精、生产高密度复合材料等。热带地区及亚热带地区的甘蔗加工业中，每年大概可以生产超过 100 万 t 的蔗渣。我国台湾、福建、广东、海南、广西、四川和云南等南方热带地区适合甘蔗的生长，蔗渣分布较广。

总体来说，农林废物的分布受地形水文和气候变化的影响大，全国各个区域的农林废物各有差异，处理上应当因地制宜。

2. 生活垃圾

生活垃圾是人们在日常生活中或者为日常生活提供服务的活动中产生的固体废物，以及法律、行政法规规定视为生活垃圾的固体废物。生活垃圾一般可分为四大类：可回收垃圾、餐厨垃圾、有害垃圾和其他垃圾。一般可以作为生物质能来源的主要有煤灰、厨渣、果皮、塑料、落叶、织物、木材、皮革和纸张等。其中，餐厨垃圾是指居民日常生活及食品加工、饮食服务、单位供餐等活动中产生的垃圾，包括丢弃不用的菜叶、剩菜、剩饭、果皮、蛋壳、茶渣和骨头等，其主要来源为家庭厨房、餐厅、饭店、食堂、市场及其他与食品加工有关的行业。而随着我国经济的发展及城镇化进程的加速，餐厨垃圾产生量逐年增长，餐厨垃圾占城市生活垃圾的比重为 37%~62%，且比重仍在攀升。据统计，我国城市年产约 6000 万 t 餐厨垃圾，其中，北京、上海、深圳等城市的餐饮服务单位的餐厨垃圾日产量已突破千吨，其他大中型城市的餐饮服务单位餐厨垃圾日产量也在数百吨左右。餐厨垃圾的化学成分包括淀粉、纤维素、蛋白质、脂类和无机盐等几乎所有的营养元素，相较于其他城市生活垃圾，餐厨垃圾的有毒物质少，且营养元素全面，具备极高的再利用价值。

3. 畜禽粪便

畜禽粪便主要指畜禽养殖业中产生的一类农村固体废物，包括猪粪、牛粪、羊粪、鸡粪和鸭粪等。我国畜禽养殖业呈独立化、集约化发展，建成了一大批万头养猪场、千头养牛场、十万及几十万羽的养鸡场，产生了大量的粪便和污水。我国畜禽粪便资源总量可折合 7840 多万 t 标准煤，其中，牛粪可折合 4890 万 t 标准煤，猪粪可折合 2230 万 t 标准煤，鸡粪可折合 717 万 t 标准煤，而伴随着畜牧业的飞速发展，畜禽养殖废物的产生也在逐年增加。畜禽粪便中有机质含量为 30%～70%，是富含巨大应用潜力的碳源，可以通过厌氧发酵转化为甲烷和 CO_2等清洁能源，还可以通过粪污全量还田、粪水肥料化利用、粪水达标排放、异位发酵床及粪污堆肥利用来实现畜禽粪便的肥料化利用模式。

被动型生物质总量大，产生量远远超过全世界总能源需求量。被动型生物质的用途广泛，可以压缩成固体燃料、气化生产燃气、气化发电、生产燃料酒精、作肥料、热裂解生产生物柴油等，但它在应用上也存在着不可忽视的劣势，其能量密度低，需要不断优化预处理和反应过程以提高能量的利用效率。同时，这些有机废物分布广泛，存在于生产生活的各个方面，且存在区域性、季节性等特征，这些特征导致其收集成本较大，经济效益较低。

1.1.3　优先发展被动型生物质

目前，我国每年产生大量的被动型生物质，这些有机废物富含碳、氧、磷、氮等元素，若不加以有效处置，它将成为巨大的排放源和污染物，而若将其进行“逆向生产”，通过资源循环再生利用，可间接节约大量的资源和能源。由此可见，被动型生物质是巨大的能源库和资源库，具有环保和资源的双重效益，应予以优先发展。由于单一废物的性质具有一定的局限性，为了促进多种废物由“低效、分散利用”向“高效、规模利用”转变，必须发展多种废物的协同利用技术，推动其向规模化、高值化、集约化方向发展，提高全过程的经济性。目前，协同利用主要有混合厌氧发酵、混烧和共炭化技术。

1）混合厌氧发酵。混合厌氧发酵指两种或多种来源的有机废物同时厌氧发酵，例如，动物粪便与农作物秸秆、城市污水污泥和市政有机固体垃圾同时厌氧发酵。通过发酵底物间的协同作用，调节碳氮比（C/N）、营养和水分，提高发酵效率，同时工艺设备的共享也可以减少成本，提高经济效益。

2）混烧。为解决秸秆类生物质在燃烧过程中由碱金属引发的黏结问题，可以将生物质与其他燃料一起燃烧。考虑到城市污水、污泥中硅、铝和铁等是主要成分，同时含有丰富的磷，在燃烧过程中会生成含有硅铝酸盐和磷酸盐等富集碱金属的产物，可以利用城市污水、污泥与秸秆类生物质在流化床混烧解决黏结问题，同时实现废物的综合利用。

3）共炭化。将两种或多种物质进行耦合炭化处理，例如，将农林废物与石化污泥、农林废物与塑料废物进行共炭化处理。采用两种或多种废物进行耦合炭化处理具备优势，具有一定的应用前景。

1.2 生物质综合利用技术

据估计，在世界总能源消费中，14%的能源供应来自生物质能，在发展中国家，生物质能约占农村用能的 90%；在发达国家，如欧共体国家生物质能占总能源消费的 2%~2.5%，在一些世界能源机构（IEA）的成员国，生物质能在总能耗中所占份额高达 15%。在今后的数年内，利用生物质发电将成为一种新型、经济且具有极高环境效益的能源供应方式。

目前，生物质能技术的研究与开发已经成为世界重大热门课题之一，受到世界各国政府与科学家的关注。他们多年来一直在进行各自的研究与开发，并形成了各具特色的技术体系，拥有各自的技术及应用优势。

1.2.1　生物质好氧堆肥技术

生物质好氧堆肥以畜禽粪便为主要原料，畜禽粪便主要指畜禽养殖业中产生的一类农村固体废物，包括猪粪、牛粪、羊粪、鸡粪和鸭粪等。过去自然堆沤、晾晒干燥等直接还田的畜禽粪便处理方式已不适合大中型养殖场。当前畜禽粪便肥料化利用方式主要有自然发酵直接堆肥、物理好氧堆肥和生物强化堆肥等。

自然发酵直接堆肥是通过微生物的作用使畜禽粪便在数月内自然分解，微生物发酵产生的热量可以杀灭大部分病原微生物和寄生虫。该处理方法简单、成本低，但机械化程度低、占地面积大、劳动效率低、卫生条件差。该模式适用于远离城市、土地宽广且有足够农田消纳粪污的地区，特别是种植常年需要施肥作物的地区及规模较小的养殖场。

物理好氧堆肥是通过人为控制堆肥所需条件，利用微生物对畜禽粪便进行腐化分解，生产出高效的有机肥料。物理好氧堆肥的关键在于调节堆肥物料的碳氮比和颗粒大小，控制适宜的水分、温度、O_2和 pH 值。与自然发酵直接堆肥相比，物理好氧堆肥的最终产物中臭气较少，水分含量小，容易包装和施用。

生物强化堆肥是在畜禽粪便中接种微生物复合菌剂，将物理、化学工艺和生物处理技术结合，使接种微生物快速分解粪便，抑制或杀灭病原微生物。由于人工添加了高效微生物复合菌剂，生物强化堆肥与自然发酵直接堆肥相比，前者堆肥效率高、发酵周期短、堆肥质量高。辽宁省环保集团在产业化生产有机肥的过程中引进了高效降解复合微生物菌剂，与单一菌种发酵相比，该方法提高发酵温度 4~5℃，缩短发酵周期 2~3 天，发酵后的肥料质量好、肥效高，具有显著的经济效益。

目前，堆肥工艺开始由中温消化向高温消化、由普通消化向联合消化、由非源分选消化向源分选消化发展，堆肥设备开始由静态通风向强制通风、由无发酵装置向有发酵装置、由半机械化向自动化转变。有发酵装置的即为反应器式堆肥，是将物料投放到封闭或半封闭反应器中，保持堆肥的水分及通风等条件在平衡范围内，使堆肥反应顺利进行。反应器式堆肥工艺分类有很多，按物料流向可以分为平流式和推流式，按通风方式可以分为主动通风反应器和被动通风反应器，筒仓式堆肥反应器、滚筒式堆肥反应器与塔式堆肥反应器均是应用较为普遍的反应器。由于反应器式堆肥生产的腐殖质质量高、周期短、可靠性高、占地面积小、对环境的影响较小，在全世界得到广泛普及和应用。

广东省温氏食品集团股份有限公司开发了智能好氧罐式发酵工艺，该工艺采用密闭式的发酵罐，罐内设有自动的搅拌和供氧系统，为微生物发酵创造了最佳的好氧发酵条件，既保证了畜禽粪便的充分发酵并快速达到无害化的要求，同时又减少了发酵过程的臭气产生和养分流失，从而提高了产品的品质。

1.2.2 生物质饲料化技术

生物质饲料化主要以餐厨垃圾为原料，餐厨垃圾的化学成分包括淀粉、纤维素、蛋白质、脂类和无机盐等几乎所有的营养元素。相较于其他城市生活垃圾，餐厨垃圾的有毒物质少，且营养元素全面，具备极高的再利用价值。从效益的最大化出发，对餐厨垃圾进行资源化处理的最佳原则是“优先生产饲料，其余生产肥料”。从实际出发，餐厨垃圾中含有大量的有机营养成分，将其饲料化有相当大的优势，目前餐厨垃圾饲料化技术主要采用生物法和物理法。

生物法是指以餐厨垃圾为原料，经过微生物固体发酵处理，生产菌体蛋白饲料。其处理工艺大致如下：经预处理（脱水、除杂、粉碎、除盐等），固体物质通过加入益生菌种固体发酵处理、调制烘干，最终得到蛋白饲料；液体物质通过油水分离，最终得到工业油脂和废水，废水经过处理排入污水管网，油脂用作化工原料。

物理法是将餐厨垃圾脱水后进行高温消毒干燥，粉碎后制成干饲料。脱水处理生产干饲料的方法有常规的高温脱水、发酵脱水和油炸脱水等。目前，这种方式的主要问题在于饲料中的动物蛋白被同种动物食用后可能存在引起潜在的、不确定性的疾病的风险，即同源污染。此外，饲料含盐量大于 1.8%时，对于成年畜禽的生长会有一定的影响。可见，由这种方式得到的饲料产品的质量没有保障，安全性不易控制，存在一定的安全隐患。

目前，欧盟、美国、日本等国家和地区对餐厨垃圾饲料化的规定存在不同之处。欧盟全面禁止餐厨垃圾饲料化；疯牛病发生后，美国规定在反刍动物方面全面禁止餐厨垃圾饲料化；在加拿大，禁止反刍动物饲喂哺乳动物源性饲料，禁止反刍动物蛋白提炼物做动物性饲料；日本对餐厨垃圾饲料化不受限制，其使用量也较大，但也在疯牛病发生后禁止了将餐厨垃圾中的动物源性成分用于反刍动物饲料。虽然社会各界在食物安全方面质疑餐厨垃圾饲料化，尤其是在畜牧养殖业，但是由于其再利用的环保价值，经过严格的处理和改善后，可以将其作为非反刍动物饲料生产的潜在资源，鱼类养殖便是其中之一。我国水域幅员辽阔，在鱼类养殖过程中饲料成本比重巨大，将餐厨垃圾饲料化制成鱼饲料具有较高的可行性。

北京嘉博文生物科技有限公司自主研发了 BGB 资源循环系统，与北京市朝阳区垃圾无害化处理中心就高安屯餐厨垃圾处理厂项目进行签约，建设了高安屯餐厨垃圾处理厂，其餐厨垃圾日处理规模为 400 t，技术路线如图 1-1 所示。该技术选取天然复合微生物菌种，以餐厨垃圾、过期食品、罚没肉品、果蔬残渣等有机废物为培养基，在高温下经 6~10 h 的微生物好氧发酵后，将餐厨垃圾等有机废物全部消化掉，转化成高活菌、高蛋白、高能量的活性微生物菌群。

这样的菌群再经特殊加工，就能制成生物肥料和生物饲料，分别应用于有机种植和生态养殖业，由此实现餐厨垃圾的零排放，从而彻底切断泔水猪、泔水油的供应链，实现餐厨垃圾的高度资源化利用。

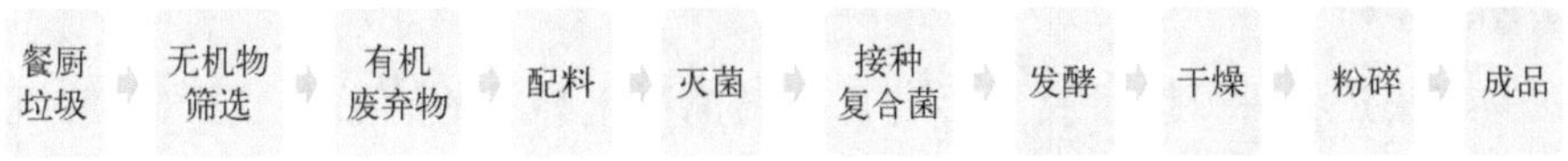

餐厨垃圾 → 无机物筛选 → 有机废弃物 → 配料 → 灭菌 → 接种复合菌 → 发酵 → 干燥 → 粉碎 → 成品

图 1-1 餐厨垃圾微生物发酵法制备蛋白饲料的基本工艺

1.2.3 生物质共炭化技术

将两种或多种物质进行耦合炭化处理，如农林废物与石化污泥、农林废物与塑料废物进行共炭化处理。利用石化污泥与农林废物共炭化技术处理石化污泥具有重要的实际意义：①干燥炭化后固体产物少，固体废物为一般废物，方便处理，能够实现回收利用；②石化污泥与农林废物共炭化，提高了热值，能为炭化系统提供更多热量，减少了外热源，降低了处理成本。废弃塑料作为一种常见有机物，含有丰富的碳元素以及各种碳链结构，基本满足制备活性炭的需求。研究表明，塑料与农林废物共热解存在协同作用，在一定程度上增强了所得活性炭的吸附能力。将卤代塑料（如聚氯乙烯）与农林废物进行耦合炭化时，能够显著降低炭产物中的氯元素和无机物的比例，从而有助于改善产物的燃料性能。可见，采用两种或多种废物进行耦合炭化处理具备优势，具有一定的应用前景。

多种废物的协同利用，关系着环境保护和国家资源战略，构建多种废物协同处置和循环利用产业体系，是改善我国生态环境、扩大环境容量生态空间、提高生态文明水平的重要路径，对于缓解资源环境压力、加快区域产业转型升级和社会经济协同发展、提升我国循环经济产业水平等，都具有重要的战略意义。

1.2.4 生物质热解制生物柴油技术

生物质热解制生物柴油是指生物质原料（主要基于纤维素、半纤维素及木质素）在隔绝 O_2或有少量 O_2的条件下，通过高加热速率、短停留时间和适当的裂解温度使生物质裂解为焦炭和气体，气体分离出灰分后再经过冷凝收集到生物油的过程。

生物质热解制生物柴油技术的核心是反应器，它的类型和加热方式决定最终的产物分布，反应器按物质的受热方式可以分为三类：机械接触式反应器、间接式反应器和混合式反应器。目前，针对第一类型和第三类型反应器开展的研究工作相对较多，这些反应器的成本较低且宜大型化，能在工业中投入使用，代表性的反应器有加拿大 Ensyn 工程师协会的上流式循环流化床反应器（Upflow Circulating Fluid Bed Reactor）、美国佐治亚技术研究所（the Georgia Technique Research Institute，GTRI）的引流式反应器（Entrained Flow Reactor）和美国国家可再生能源实验室（NREL）的涡流反应器（Vortex Reactor），它们具有加热速率快、反应温度中等和气体停留时间短等特征。

生物质热解油能量密度较高、环境友好、可再生并可以直接输送，而生物质热解因为与现有的石油化工转化系统有极大的相似性，已经成为生物质转化的重要手段，因此生物质热解制生物柴油的应用前景较为广阔。芬兰综合林产品公司 Stora Enso 集团和 Neste Oil 公司早在 2009 年 6 月在瓦尔考斯建设了以林业废料为原料生产生物油的生物燃料示范工厂。生物质热解制生物柴油工艺在我国也已经开始了初步的商业化、规模化应用，安徽易能生物能源有限公司 YNP-1000B 型生物质炼油设备也于 2009 年 6 月在山东滨州投产。

为提高生物质的热转化率和生物油的产率，研究人员近年来开发了混合热解、催化热解、微波热解、等离子体热解等新的热解工艺，未来生物质热解制生物柴油技术的研究重点将是开发高效的反应器及转化工艺，提高生物油产率，研究详细的生物质快速热解液化反应机理，开发生物油的后加工技术，改善生物油的品种。

1.2.5 生物质制乙醇技术

生物质制乙醇技术即用富含糖类、纤维素的生物质通过水解、发酵法制取乙醇的技术。对于含糖类较多的生物质（玉米、高粱和小麦等），单糖可以在厌氧条件下通过糖酵解过程（又称 EM 途径）转化为丙酮酸，丙酮酸进一步脱羧形成乙醛，乙醛最终被还原成乙醇。乙醇发酵的主要代表菌为酵母菌，酵母菌在工业上主要用于酿酒和酒精生产，某些细菌如运动发酵单胞菌也可以用于乙醇发酵；因为多糖（淀粉）是高分子化合物，在发酵之前需要进行水解，将其转化为单糖。水解可以分为酸解法、酶解法和酸酶结合法，酸解法指以酸（无机酸或有机酸）为催化剂，在高温高压下将淀粉水解转化为葡萄糖的方法；酶解法是用淀粉酶将淀粉水解为葡萄糖；而酸酶结合法则是综合了前两种方法的优势，它有更好的应用效果。

以糖质为原料生产乙醇有着悠久的历史，该技术已经非常成熟，但在全球面临粮食危机的现状下，并没有足够的富糖类生物质可以产生人类工业及生活所需的乙醇。而纤维素原料是地球上最丰富且最普遍的可再生资源，世界各地每年产生的木纤维生物质达 1000 亿 t，其中 89%还未被人类使用。我国的木纤维原料也很丰富，每年有数百亿吨稻秆，还有大量的林业废物和工业废纤维，可利用的木质纤维素材料总共达到 20 万 t。

纤维素生物质（农作物秸秆、林业加工废料、蔗渣及城市垃圾等）中，纤维素含量为 30%~50%，半纤维素含量为 20%~40%，木质素含量为 15%~30%。生产纤维素乙醇包括生物质预处理、纤维素水解糖化和单糖发酵三个步骤，预处理的工艺有机械粉碎、微波处理、高温水解、蒸汽爆破、高能辐射、液态热水预处理、碱处理、氨处理、臭氧分解、有机溶剂法、微生物降解等，目的是去除或降低木质素的含量、溶解半纤维素、破坏纤维素的天然结晶结构、使原料变得疏松以增加酶和纤维素的接触面积，提高酶的水解率；预处理后的步骤和淀粉的水解类似，即进行酸水解或酶水解，得到五碳糖和六碳糖的水解液，再进行发酵得到乙醇。

1.2.6　生物质环保材料技术

生物质环保材料是以生物质为原料，经过物理、化学与生物等技术手段加工制造的新材料，此类生物质材料具有性能优异、自然降解、节能环保等特点，是现代社会发展的绿色新材料，在塑料制品造成严重环境污染的今天，生物质材料正逐渐受到重视。农作物秸秆、竹材和植物茎秆等农林废物是常见的植物基生物质材料。

农作物秸秆可以作为制浆造纸轻工业、手工纺织、手工编织、一次性餐具用品、可降解包装材料和建材装饰的原料，可以部分代替砖木等材料，有效保护森林耕地资源，实现自然界的物质和能量循环。农作物秸秆在编织行业用途最广、最为常见的就是利用稻草编织草帘、草垫、草席等工艺品；利用秸秆制造的墙板可以作为瓷砖和板材的替代品并广泛应用于建筑行业，例如，农作物秸秆纤维与树脂混合物结合可以生产低密度人造板材，粉碎后的农作物秸秆按照一定的比例加入黏合剂、阻燃剂等配料，进行机械搅拌、挤压成型以及恒温固化等工艺处理，也可以用于生产一次性成型装饰家具，该类制造品具有强度高、耐腐蚀、不开裂和价格低廉等优点，深受广大消费者的青睐，利用水稻（小麦）秸秆制作的人造板的性能良好，其最大的特点是不会释放有害气体，是一种绿色环保型的人造板材，经过特殊工艺处理后，还具有防水和防震等性能，因此可以替代木材、石膏以及玻璃钢等建筑工业材料；用农作物秸秆和黏合剂作为原料，经过配料混合、发泡、浇铸、烘烤定型以及干燥等处理工艺后，可以制成具有减震缓冲功能的包装材料，在低应力条件下，相比聚苯乙烯泡沫塑料具有更好的缓冲性能，体积小、重量轻、压缩强度高，具有一定柔韧性，而且可以在短时间内降解，降解后又可以作为肥料还田，减少环境污染。此外，玉米秸秆、豆荚皮、谷类秕壳、麦秸等经过加工后所制取的淀粉，经过特殊方法处理后还可以生产人造棉和人造丝，制造糠醛、饴糖、醋、酒和木糖醇等。

1.2.7 生物质发电技术

生物质发电是以农林剩余物、生活垃圾及其加工转化成的固体、液体、气体为燃料，经过锅炉燃烧产生蒸汽驱动汽轮机做功，带动发电机发电的一种热力发电技术，其发电机可以根据燃料的不同、温度的高低、功率的大小分别采用煤气发动机、斯特林发动机、燃气轮机和汽轮机等。

生物质的发电方式主要有直接燃烧发电、生物质气化发电和生物质发酵产电三种方式，直接燃烧是在设备中直接将生物质能释放出来，然后将释放出的热能转化为电能的过程。生物质气化实际上是一种化学变化过程，就是利用高温热解气化反应来获取可燃性气体。生物质热解气化反应主要是利用高温气化装置，把已经产生热化反应的生物质转化为具有较高燃点的可燃性气体。当然这里面也会出现少量的、处于液态化的焦油和固体残渣等成分，这些成分可以继续被作为燃料进行再利用。而生物质发酵产电是指通过生物化学法和热化学法将部分生物质或者全部生物质转化为沼气并进行发电的过程。

生物质发电在发达国家已经受到了广泛的重视，目前，生物质发电技术可以分为生物质直接燃烧发电、沼气发电、整体气化联合发电和生物质能电池等。在奥地利、丹麦、芬兰、法国、挪威、瑞典和美国等国家，生物质能在总能源消耗中所占的比例越来越大。芬兰是欧盟中利用生物质发电较为成功的国家之一。美国在利用生物质发电方面处于世界领先地位，2017 年，美国生物质发电装机规模达到 13.07GW，目前，美国已经建立了超过 450 座生物质发电站，且数量仍在不断增长。相比于常规能源的稀缺性和污染性，生物质发电技术的应用必定会是能源可持续发展中的重要组成部分。

第2章　生物质发电技术发展现状与趋势

随着工业化进程的不断推进、化石能源的短缺与自然资源的减少，寻求包括各种农林废物、生活垃圾资源化利用的生物质利用技术已经成为国内外研究的重要领域。20世纪70年代，世界性石油危机的爆发推动了许多欧美国家开发清洁能源的步伐，推动了清洁能源的高效运用。其中，生物质资源的优良特性使得它在众多领域都得到了广泛的应用。将生物质资源转化为电能不仅缓解了能源短缺的问题，而且与其他传统发电技术相比减少了环境污染问题，因而生物质发电技术已成为目前国际上发展规模最大也是最为成熟的生物质能源化利用技术，且生物质在发电行业的运用正在逐渐占据可再生能源利用的主导地位。

2.1　国外生物质发电技术发展现状与趋势

近年来，世界各国都致力于发展生物质发电技术，并纷纷将其应用于实际的生产和生活中。生物质直燃发电、耦合发电、气化发电等发电方式已经实现了示范及产业化的大规模运用。欧洲是沼气技术较为成熟的地区，如德国是目前世界上农村沼气工程数量较多的国家。而丹麦最早大力推行秸秆等生物质发电模式，也是集中型沼气工程发展最具特色的国家，并于1988年建成了世界上第一座秸秆生物燃烧发电厂，结合成熟的集中型联合发酵沼气工程集中处理畜禽粪便、农作物秸秆以及工业废物。截止到 2015 年，丹麦已经建立了 130 家秸秆发电厂。瑞典是沼气提纯用于车用燃气技术最好的国家，其生物质发电量约占该国总电力供应的 9%，其中 MalarEnergi 生物质热电厂的循环流化床垃圾焚烧系统达 150 MW，该热电厂主要通过燃烧有机垃圾和林业剩余物进行发电供热，热能利用效率可达 90%。

迄今为止，国外生物质发电技术已经较为成熟。全球生物质能装机容量由 2009 年的 61.8 GW 增长到 2018 年的 117.8 GW，年复合增长率约为 7.43%，全球生物质发电量从 2009 年的 277.1 GW · h 增长到 2017 年的 495.4 GW · h，生物质能装机容量和发电量都实现了持续稳定的上升。2018 年，全球秸秆发电装机量为 18.68 GW，占比 15.91%，沼气发电装机量为 18.13 GW，占比 15.44%；垃圾发电装机量为 12.60 GW，占比为 10.73%。据数据显示，全球生物质能装机主要集中在欧洲、美洲和亚洲（见图 2-1）。截至目前，欧洲生物质发电总量在 2015 年底已经超过 37 000 MW，约占全球装机容量的 38%（全球约 98 000 MW），同年新增生物质能装机容量为 1700 MW，约占全球新增总量的 27%（全球 6400 MW）。德国的《可再生能源法》促进了德国生物质发电装机容量的增长，2006—2018 年间生物质能装机容量以年均增长率为 8%的速度增长至 2018 年的 7.4 GW。英国政府发布的能源统计数据显示该国 2019 年生物质发电达到创纪录

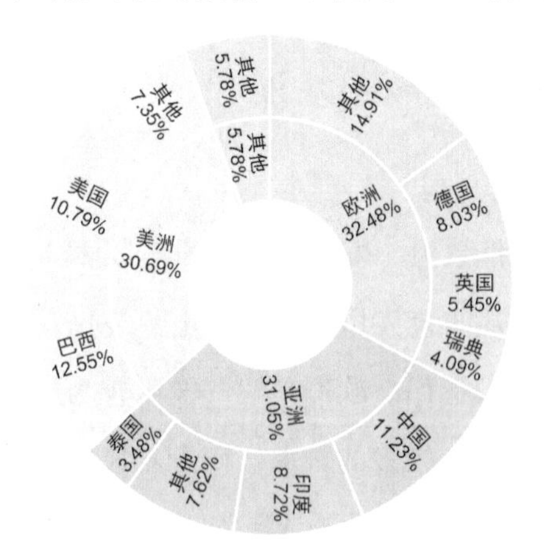

图 2-1　2018 年全球生物质能装机分布

的 36.6 TW·h，比 2018 年增长 5.2%，生物质能占英国 2019 年发电量的 11.3%，占装机容量的 16.7%，全年生物质能装机容量增加 0.3 GW，达到 7.9 GW，与 2018 年相比增长了 4.6%。欧洲生物质能装机容量将会持续增长，预计到 2030 年，生物质发电将会占据发电总量的 2/3 以上。随着技术的不断成熟以及优惠政策的加持，全球生物质发电市场将继续扩展。

总体来说，生物质发电技术的主要发展趋势如下：通过科技创新突破技术上的瓶颈，实现生物质资源的高效、高值化利用。发达国家在这场新型能源革命中正努力占据科学技术的制高点，实现发电技术的颠覆性改进。而全球各国持续激励生物质发电技术，颁布补贴政策，生物质发电总体态势较好，市场规模巨大，生物质发电厂建设将持续快速地增长。预计全球每年新增生物质发电厂将超过 200 个，到 2027 年新增数量将达到 1900 个，全球生物质发电厂将达到 5700 个。而全球分布格局将渐渐改变，从 2008 年到 2017 年，欧洲仍然是全球生物质能装机第一大市场、美洲为第二大市场，但两大市场的全球占比却均有所下降，分别较 2007 年下降了 5.23%和 3.67%。亚洲则呈相反趋势，全球占比十年间上升了 10.32%。从 2008 年到 2018 年亚洲生物质能装机增长了 210%，远超欧洲的 76%以及美洲的 82%，增长势头猛，亚洲将成为全球生物质能装机容量持续稳定增长的主要推动力。而在世界各国先进发电技术的不断推进下，生物质发电将会成为未来发展的重点和热点。

2.2　国内生物质发电技术发展现状与趋势

近二十年来，随着我国经济的迅速发展，对于煤、石油和天然气等燃料物质的需求日益增加，我国已经一跃成为世界能源消耗第一大国。煤、石油、天然气和新能源构造了“一大三小”结构特点的产业结构。在此背景下，加快清洁能源的开发和应用无疑是一种有效缓解能源危机的方法。据统计数据显示，在2015年基础上，预计2030年能源结构占比将如图2-2所示，燃煤总量和石油用量将明显下降，天然气用量有所上升，非化石资源占比将明显提高。其中，来源广泛、种类丰富、价格低廉的生物质资源会被广泛应用于生产生活中各个领域。例如，在化学领域，生物质可以经过一系列加工手段转化为高附加值化学品；在农业方面，可以利用生物质厌氧发酵供电；在工业上，生物柴油以及乙醇的大量生产都证明生物质资源的应用具有重大的实际意义。目前，生物质能已经成为产量最大的清洁能源，我国每年能够产生高达102.9EJ的潜在生物质资源。

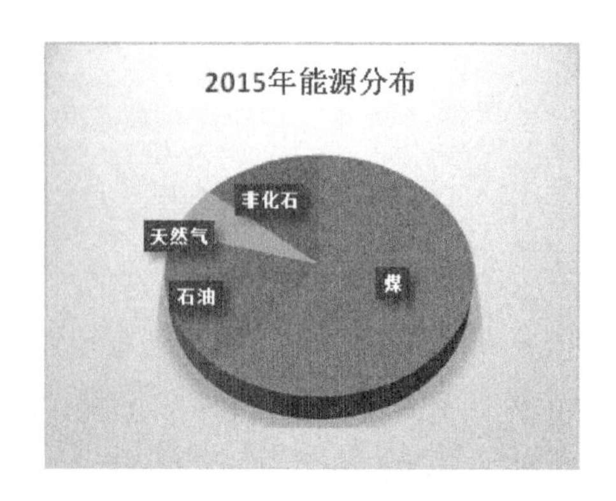

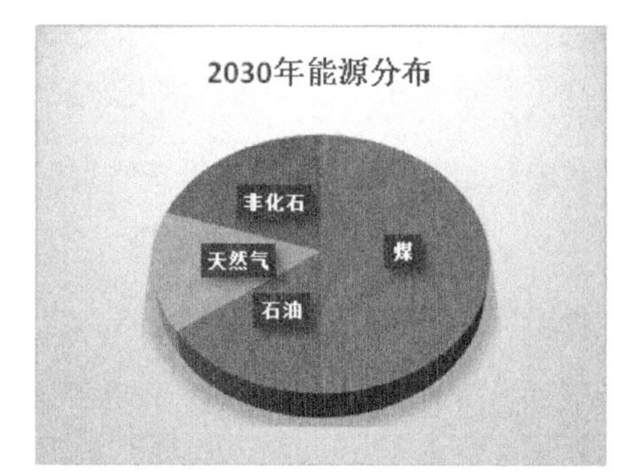

图2-2 能源占比图

我国的生物质发电技术起源于20世纪70年代，是一种将生物质能转化为电能的技术，它不仅可以充分利用自然界中的生物质资源，且与直接燃煤技术产生大量的温室气体相比，氮、硫氧化物的释放量也明显减少。近年来，生物质发电技术发展迅速，具体技术手段有生物质直燃发电技术、生物质耦合发电技术、生物质气化发电技术、生物质厌氧发酵发电技术以及生物质制氢发电技术等。其中，农林生物质直燃发电技术是目前较为常用的生物质发电技术，也将是未来生物质发电产业中发展规模最大的部分，热电联产可以有效地提高生物质发电技术的经济性，提升生物质发电产业的系统效率；而生物质混燃及生物质气耦合燃煤发电技术也得到了不断优化；生物质制氢及氢能发电技术则正加速从实验研究走向实际的生产应用。

我国政府十分重视生物质能产业的发展，先后出台了多项鼓励政策，以提高新能源在能源消费结构中的占比。早在1998年起实施的《中华人民共和国节约能源法》就明确提出“国家鼓励、支持开发和利用新能源、可再生能源”。《中国新能源和可再生能源发展纲要（1996—2010）》进一步提出加强新能源和可再生能源发展，并制定了具体的目标、措施和相应的政策建议。2006年出台的《中华人民共和国可再生能源法》，针对燃料乙醇、生物柴油、生物质发电等具体产业制定了各类规范及实施细则。生物质发电优惠上网电价等有关配套政策的相继出台，有力地促进了我国生物质发电行业的快速壮大。2019年4月8日，国家发展和改革委员会会同有关部门发布了《产业结构调整指导目录(2019年本，征求意见稿)》，文件在电力板块鼓励燃煤耦合生物质发电、高效电能替代技术及设备、火力发电机组灵活性改造。可以预计，在“十四五”期间，清洁能源在能源发展规划中将有着更重要的地位。针对新能源发电项目，政府提出“三免三减半”的税收政策，对生物质发电技术的相关研究机构给予一定的补贴。文件明确指出了政府的政策导向和支持领域，在政策和技术的双重推动下，我国的生物质发电技术将会取得更大的进步。

虽然我国生物质发电起步较晚，但是在政策的不断推动下，生物质发电项目已经大范围启动并运行。沼气发电技术的实施从20世纪70年代已经开始在农村进行普及，在山东省平度市南村镇的秸秆沼气项目示范工程，该项目工程年产沼气666万m^3、沼液肥2.23万t、固态有机肥2.49万t。沈阳市法库县沼气发电项目是以牲畜的粪便为生物质原料，和生活污水一并放入水解池中，使杂质经过沉降作用去除，随后在反应罐中进行厌氧发酵产生沼气，最终转化为电能输出。2006年，国能单县1×25 MW生物质直燃发电项目拉开了我国生物质发电产业的序幕，作为我国第一个生物质直燃发电项目正式投产运行。该项目引进了BWE公司所研发的水冷振动炉排锅炉，年消耗生物质燃料约29万t，年发电量约为1.6亿kW·h。广东2×50 MW生物质直燃项目是我国单机以及总装机较大的生物质发电项目，是我国首个自有技术流化床生物质燃烧发电项目的示范。中国科学院广州能源研究所在1 MW气化发电项目的基础上，降低燃气中粉尘、焦油的含量来提高气化效率，在江苏省镇江市丹徒经济技术开发区开展了4 MW生物质气化整体联合循环气化发电项目示范工程。

近年来，我国生物质发电技术发展迅速，但在锅炉系统、配套辅助设备工艺等方面与国外相比还有较大差距。生物质气化发电技术规模小、效率低的缺点在一定程度上限制了发电技术的大规模应用；生物质耦合发电技术没有一套健全完善的原料比例检测系统、喂料系统和高效的锅炉装备，在技术层面上限制了该发电技术的工业化发展。我国应确定生物质发电技术的重点发展方向，大力推进示范工程的进展，扶持小规模新能源发电示范区的建设，在取得经验后大力推广示范工程项目，自主研发出一系列生物质原料预处理和高效转化的核心技术，研制出一系列核心设备以及成套的装备，突破产业的发展障碍，为产业化提供技术支撑。从长远看，在国家清洁能源政策和新能源发展规划的指导下，在越来越多的人才、资本、技术的参与和支持下，生物质发电技术将不断优化，推动我国电力行业的持续稳步发展，支撑双碳目标实现，并将对创造我国资源节约型、环境友好型和生态循环型社会发挥重要的作用。

第3章　生物质直燃发电

我国是农业大国，生物质资源丰富，可以为生物质产业提供大量的原料。然而，这些丰富的生物质资源长期以来没有得到合理的利用，大量的生物质在田间被焚烧，造成了环境污染和资源浪费。为了促进生物质能的高效开发和利用，我国政府已经实施了一系列关于生物质能的相关政策。在生物质的各种利用转化途径中，生物质直燃技术是目前生物质大规模高效、清洁利用的途径中成熟且简便可行的方式之一，适合我国国情。

3.1　生物质直燃发电概述

生物质直燃技术在不需对现有燃烧设备做较大改动的情况下即可获得很好的燃烧效果，进而转化为电能，其推广应用对于我国生物质的资源化利用、保护环境与改善生态等具有重要的推动作用。

3.1.1　生物质直燃技术国内发展概况

我国的生物质发电技术起步较晚，早期主要以甘蔗发电为主，辅以碾米厂稻壳为原料气化发电，以农业废物为原料的规模化并网发电项目几乎是空白。2006年1月1日《中华人民共和国可再生能源法》实施，随后相继出台了《可再生能源发电有关管理规定》《可再生能源发电价格和费用分摊管理试行办法》等一系列有关生物质发电的规定政策，极大地促进了生物质发电产业的发展。至2006年底，全国经核准的生物质发电项目近50处，总装机容量超过1500 MW，标志着我国生物质发电进入了试点示范阶段，生物质直燃发电技术也成为快速发展的生物质发电技术之一。

我国第一个秸秆直燃发电项目–山东单县25 MW生物质发电厂于2006年正式投产运行。年发电量约为1.8亿kW·h，生物质燃料主要以棉花秸秆为主，掺烧部分树枝、果枝等林业废物，该项目的秸秆收储运系统也是国内第一个实际运行、日吞吐量600多t秸秆等农林废物的收储运系统。总体来说，整个项目工程对生物质发电产业都具有极为重要的借鉴意义。同年，宿迁秸秆直燃发电示范项目投产运行，建设规模为2×12 MW，年发电量约1.63亿kW·h，年秸秆燃烧量17~20万t，年销售收入8500万元。该项目是我国第一个自主研发、拥有完全自主知识产权的国产化秸秆直燃发电示范项目，该项目的成功投产推动了我国在生物质直燃发电领域自主创新能力的形成和设备国产化的进程。

2007年10月—2009年5月，安阳灵锐热电有限责任公司投资建设了两台生物质直燃发电锅炉，燃料全部来自农作物秸秆，年发电量达到1.7亿kW·h。

随后，2011年1月国能蒙城生物发电有限公司于安徽省蒙城县小辛集乡成立。该项目引进了丹麦BWE公司的燃烧技术，采用由济南锅炉公司生产的130 t/h的振动炉排高温高压蒸汽锅炉，装机容量为1×30 MW，机组年发电量可达2.1亿kW·h。项目于2015年7月30日正式投产，主要的燃料为小麦、玉米等农作物秸秆和农林废物，每天消耗秸秆约800~900 t，发电量达70万kW·h。2011年8月，由广东粤电集团投资建成的湛江生物质发电项目投产，项目配置两台生物质燃料220 t/h高温高压循环流化床锅炉，机组总装机容量为2×50 MW。该发电厂年消耗生物质燃料57.86万t，燃料组成主要为按树皮和甘蔗渣等，年发电量约为6.5亿kW·h。而2016年12月辽宁省阜蒙县生物质热电工程一期实现并网发电，年发电量达3.2亿kW·h，总建设目标装机容量为48 MW。2017年11

月，光大生物能源（如皋）生物质直燃发电项目建成投产，项目使用 1×130 t/h 高温高压循环流化床锅炉和 1×30 MW 汽轮发电机组，以农作物秸秆、林业废物和稻壳等农林废物为燃料，年处理量约 28 万 t，年发电量 2.4 亿 kW · h，每年助农增收 7000 万元。

近十几年来，国内生物质直燃发电项目每年皆有落地建成，生物质直燃发电行业得到了非常大的发展，在此期间，行业集中程度逐渐提高，先后形成了以凯迪、国能为龙头，琦泉、光大、理昂等规模较大企业、五大电力集团下属新能源企业以及众多参与者并存的市场格局。截至 2018 年，我国生物质发电装机容量为 17.84 GW，项目遍布 30 个省、直辖市和自治区，装机规模已实现全球第一。但是受秸秆收集量的限制，我国建立的生物质热电联产电厂的单机容量主要为 12 MW 和 25 MW，各生物质热电联产电厂的总装机容量主要集中在 24～50 MW。其中，最小的单机容量为 3 MW，最大的单机容量为 50 MW。

我国的生物质直燃发电厂的核心技术和装备主要包括秸秆燃烧控制技术、直燃锅炉技术、炉前给料技术及秸秆锅炉和给料设备。经过多年的发展，中温中压 755 t/h 循环流化床锅炉和 130 t/h 高温高压循环流化床锅炉都能够自主批量生产。

3.1.2　生物质直燃技术国外发展概况

1973 年，第一次石油危机爆发，世界各国为减少对化石能源的依赖性，开始寻找其他替代能源。丹麦 BWE 公司于 1988 年建成了世界上第一座秸秆直燃发电厂，此后生物质发电技术在欧美国家逐渐发展起来。丹麦于 1998 年建成了马里博秸秆发电厂，采用 BWE 公司的技术和锅炉设备，装机容量 12 MW，电厂实行热电联供，年发电时间为 5000 h，秸秆消耗量为 7.5 t/h，可以为五万人口提供电和热。至今，BWE 秸秆发电技术已经走向世界，被联合国列为重点推广项目。

英国于 2000 年 12 月建成投产 Elyan 秸秆发电厂，采用水冷振动炉排锅炉技术，装机容量 38 MW，主要燃料为小麦、大麦、燕麦等的秸秆，年消耗秸秆约 20 万 t，发电厂净效率超过 32%，年发电量为 2.7 亿 kW · h，2003 年该发电厂生产了英国超过 10%的可再生电力。发电厂针对高蒸汽参数，采用了特殊的结构设计和材料，以应对受热面的积灰和腐蚀等问题，其烟气净化系统包括半干式脱硫器和袋式除尘器。2007 年 12 月，英国建成了 Steven Croft 发电厂，该发电厂的锅炉采用鼓泡流化床锅炉，装机容量为 44 MW，年减排温室气体 14 万 t，可以向苏格兰 7 万户家庭供电，发电厂的主要燃料为周边收集的锯木厂边角料等林业剩余物，此外还包括一种专门种植的柳树，年消耗燃料 48 万 t。

美国的生物质发电技术的发展速度也非常快。2012 年，美国的生物质能在其能源消耗中所占比例为 12%，装机容量高达 13 GW。在生物质发电设备方面，美国爱达荷能源产品公司开发出生物质流化床锅炉，锅炉蒸汽出力为 4.5~50 t/h，供热锅炉出力为 36.67 MW。美国 CE 公司利用鲁奇技术研制的大型循环流化床发电锅炉出力为 100 t/h，蒸汽压力为 8.7 MPa。

瑞典是高度发达的工业化国家，但其煤、石油等化石能源储量贫乏，因而瑞典政府十分重视生物质能的开发与利用。2009 年，瑞典生物质能首次超过石油成为消费量最多的能源，其中通过生物质直燃锅炉对林业生物质进行燃烧所产生的能源，约占生物质能源的 80%，广泛应用于发电和供热。在之前，主要采用中温中压对林业生物质进行燃烧，以避免出现结渣和腐蚀现象，随着技术的不断发展，开始使用高温高压生物质直燃锅炉进行发电。

奥地利直燃发电项目的燃料主要是木材剩余物，已经建造了 80 多座装机容量为 1~2 MW 的以生物质为燃料的热电联产电厂，并建立了燃烧木材剩余物的区域发电厂，将其占用比例上升到 25%。

芬兰的生物质发电的研究成果位于世界领先地位，其使用生物质直燃锅炉对林业生物质进行燃烧，产生的电量占全国总电量的 11%。

德国的生物质直燃发电技术发展比较快，2005 年时该国已经建立了 140 多个生物质热电联产电厂，并且还有 80 多个生物质热电联产工程处于设计或者建设阶段。

巴西和印度是发展中国家农业生物质发电进展比较快的国家。2002 年，巴西已经建成的生物质热电联产电厂总装机容量为 1675 MW，其中，蔗渣装机容量大约占总装机容量的 94%，木屑装机容量大约占 5%，稻壳装机容量占不足 1%。在印度，仅蔗渣装机容量就有 710 MW，而随着技术的发展，印度也建立了多家以秸秆为燃料的生物质直燃电厂，装机容量在 6~25 MW 之间。

总体来说，在市场调节和政府相关政策的扶持下，近年来，生物质直燃发电技术和相关装备的研发及生产在国内外均取得了长足发展。

3.2　生物质直燃发电相关理论

生物质直燃发电是指通过直接燃烧农作物的秸秆、城市中可以燃烧的生活垃圾、树木、人畜粪便以及可燃的工业垃圾等生物质来进行发电。

3.2.1　生物质直燃发电定义

生物质直燃发电的技术流程由原料收集系统、预处理系统、储存系统、给料系统、燃烧系统、热利用系统和烟气处理系统组成，如图 3-1 所示。

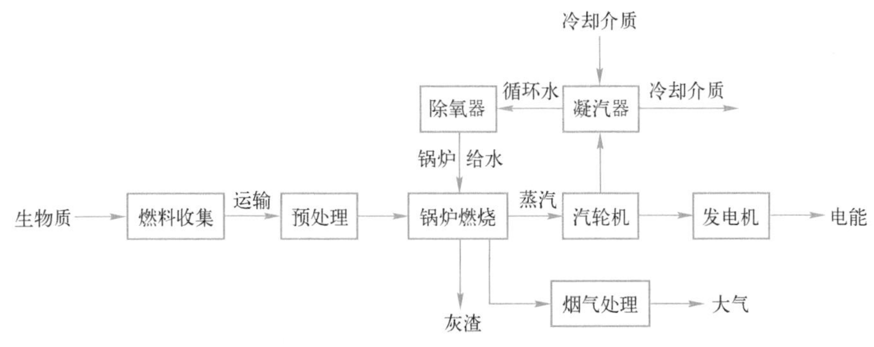

图 3-1　生物质直燃发电的技术流程

3.2.2 生物质直燃发电原理

生物质直燃发电是目前利用生物质发电的主要方式，其具体过程是指对生物质进行一定的预处理措施之后，输送进锅炉进行燃烧，该过程将化学能转化为热能，从而带动汽轮机工作，将热能再转化为机械能，最后由发电机将机械能转化为电能。由于生物质直燃发电的技术相对简单，因而在国内外得到了迅速的推广应用。

3.2.3 生物质直燃发电特点

生物质直燃发电最大的特点是使用的燃料是生物质，生物质燃料主要有以下特点。

1）生物质燃料一般是农作物的秸秆和树木加工过程中废弃的枝、皮和锯末等，大多带有明显的季节性。

2）生物质燃料种类较多，但各种燃料性质差异较大。且由于受到燃料季节性特点的影响，导致燃烧单一品种燃料困难，必须掺烧。

生物质直燃发电所用燃料的特殊性决定了其生产工艺系统也有其独特特点，主要表现在上料及给料系统和锅炉燃烧这两个系统上。生物质燃料由于其松软、韧性大等特点，会缠绕上料系统输送机使其停转或跳闸，影响上料和给料系统的正常运行，因而在如何破碎、输送、入炉等问题上，都有其特殊性；而由于生物质燃料种类复杂、性质差异大，锅炉燃烧系统需要根据燃料的物性进行差异性设计。

生物质直燃发电技术是完全以生物质为燃料，燃烧设备针对生物质的特性进行专门的设计，辅助以整套的生物质收储运预处理系统以及给料装置，可以实现大规模、连续的生物质燃烧转化利用，热效率高、污染少，且可以与交流电源分开使用，适用于规模化推广的一项成熟技术。

3.3　生物质直燃发电技术

由于生物质燃料的物理特性（如密度、流动性等）与燃煤的不同，因此生物质直燃发电厂与常规燃煤发电厂最突出的区别在于燃料的收储运系统和锅炉系统，这两者也构成了生物质直燃发电厂的技术难点和核心。

3.3.1　生物质燃料收储运系统

自 20 世纪 70 年代的能源危机以来，以丹麦为代表的许多西方国家开始进行生物质发电研究，垃圾、动物粪便、农林废物等都曾经被用来发电，且大量的实验研究和工程实践证明农作物秸秆直燃发电是一种最适宜的选择。我国是农业大国，生物质资源中农作物秸秆是主体，占到全部生物质资源的一半以上，年产量约有 7 亿 t。其中稻草、麦秸和玉米秸秆约占全部农作物秸秆的 75%，而大部分的秸秆皆未能资源化利用，因此农作物秸秆的巨大产量为生物质直燃发电提供了燃料保证。同时，秸秆直燃发电后剩余的草木灰含有丰富的钾、钙、镁等矿物质，可以作为农作物肥料。因此，在我国生物质直燃发电工程中农作物秸秆是最为常用的燃料之一。

然而，农作物秸秆等生物质原料一般较为松散、密度小，造成生物质发电厂的燃料占地面积大，且由于生物质的发热值明显低于煤，因此生物质发电厂燃料的储备体积远远大于燃煤发电厂，要求发电厂中有较大面积的场地用于燃料的储存和处理。此外，生物质燃料的运输同样面临着很大的问题，并且生物质燃料一般有较强的吸水性，吸水后容易腐烂变质，造成微生物的滋生。因此对于生物质发电厂来说，生物质燃料的收储运系统是关系发电厂稳定运行亟须解决的问题。目前，国内的生物质直燃发电厂采用的燃料收储运系统一般分为三种模式：发电厂外燃料收集、发电厂内燃料存放和发电厂内燃料处理与输送。

1. 发电厂外燃料收集

对于以农作物秸秆等为燃料的生物质发电厂来说，秸秆燃料的收集是发电厂需要解决的首要问题。具体的收集方式需要根据发电厂的装机容量、周边的土地环境、原料的种类和可获取度来决定。经过多年的探索，目前的收集方式可以细分为以下两种。

1）大型收集场模式。此模式是在发电厂周边（几十到几百米范围内）建设一处集中的大型收集场，负责收购和存放燃料，其储量需保证能够满足发电厂长时间的燃料消耗。该模式便于集中管理，在大型收集场里可以使用大型机械作业，能够降低燃料的保管和短途运输成本，还可以保证燃料的收购质量。但对于装机容量较大的生物质发电厂来说，存在着燃料占地面积较大、原料保存困难和燃料进场车辆运输压力大等问题。

2）小型收储站模式。此模式是在发电厂周边（一般 25 ~ 35 km 范围内）建设多处小型收储站，负责在收储站附近收集秸秆燃料、加工打包和小面积储存，并定期向发电厂运送库存秸秆燃料。该模式由于每个收储站的占地面积相对较小，可以降低集中储存秸秆燃料的风险。收储站向发电厂运输经过加工打包的秸秆燃料，装卸运输可以使用专用机械，可以降低运输成本。但该模式会增加中间作业环节和二次运输成本，使得总体投资增加。

在生物质燃料的收集过程中，根据生物质原料种类、特性的不同，其预处理方式也不同。麦秆、玉米秆、稻秆等软质秸秆一般采用打捆处理的方式，即在田野或收购站采用打捆机将秸秆原料压制成一定尺寸的捆，再用车辆将其运输至收储站或发电厂。棉秆、木片、树枝等硬质原料一般采用打碎方式处理，即将原料通过截断、破碎等方式处理成尺寸较小的状态，再收集运输。由于农作物秸秆的收集具有季节性，因此对于燃料的收集需做好规划，在秸秆收割季节减少库存量，在农作物生长季节保证燃料的库存量，以满足发电厂连续运行的需求，保证生物质发电厂的经济性。

2. 发电厂内燃料存放

大型收集场或小型收储站经过收集、预处理后的生物质燃料并运送至发电厂后，需要有专门的存放场地，以备发电厂短期使用。一方面，在发电厂内的燃料存放场地的设计需要遵照一定的标准，燃料堆的尺寸、堆间距等需要符合相关的消防要求。另一方面，考虑雨天情况，燃料堆的地面需要做防水处理，燃料堆的上部需要覆盖遮雨布等，以防止雨天对燃料的影响。存放场地需要根据发电厂短期内的燃料消耗量来设计占地面积，避免出现燃料供给不足或燃料无处堆放的问题。目前，多数秸秆发电厂设置的秸秆存放场地为 2~3 个，存放秸秆量为发电厂 3~5 天的消耗量。原则上，有来料时，一般不从存放场地取料，直接从运输车上取料送入输送系统；没有来料时，由起重机从存放场地抓取燃料。对于存放进发电厂内的燃料，需要提前对其进行相关的测试，如燃料含水率、尺寸等，并对存放场地的燃料进行合理的统计、管理和调度。

3. 发电厂内燃料处理和输送

对于存放场地内的燃料，在进入到锅炉前，需要经过一定的工艺流程，如图 3-2 所示。首先，通过抓斗起重机将存放场地或运输车中的燃料抓取至待料平台；然后，燃料相继经过散包机和破碎机处理后直接进入带式输送机，被输送至炉前料仓；最后，通过螺旋输送机将燃料输送至锅炉中燃烧。在输送系统中，各发电厂的具体输送流程有一些差别，如有无炉前料仓等，但整体的工艺流程相同。从目前的生物质发电厂的运行情况看，输送系统的中间环节越少越有利于燃料的输送，同时燃料的质量也会影响整体流程的运行，如若燃料中掺有砂石、金属等，不仅影响输送系统的运行，也可能会对设备造成损伤。因此在燃料的收集环节需要严格把关，减少杂物的掺入，同时需要对原料进行筛选和分级。

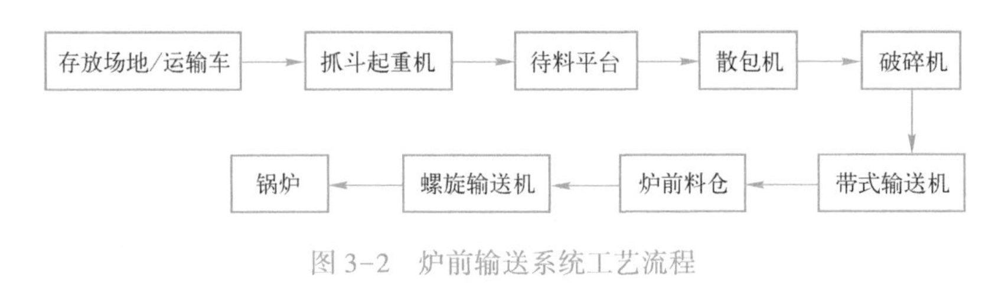

图 3-2 炉前输送系统工艺流程

3.3.2 生物质直燃发电锅炉系统

锅炉设计选型是生物质发电厂技术的核心，不同的炉型不仅会影响生物质发电厂的投资，还会影响生物质发电厂的使用寿命。基于生物质的直燃发电机组，常使用的是层燃炉和循环流化床锅炉。层燃炉是燃料在炉排上燃烧的锅炉，将燃料输送到固定或移动的炉排上面，空气从炉排的底部通入，通过燃料层进行燃烧反应。循环流化床锅炉采用高度工业化的洁净煤燃烧技术，将预热空气吹入炉膛进行流化态燃烧，其运行风速高，未燃烧完全的燃料可以经分离并返回炉膛再次进行燃烧，是目前大规模高效利用生物质非常有前景的技术之一。

1. 层燃炉

层燃炉根据不同的炉排形式，通常可以分为往复炉排锅炉、链条炉排锅炉和水冷振动炉排锅炉。

1）往复炉排锅炉：往复式炉排由固定不动的炉排和可以往复移动的炉排件组成，可活动的炉排件将燃料推向后部以逐步燃烧。往复炉排锅炉结构简单、制造方便，但由于其自身的固有属性和设计特点导致炉排件的冷却条件不好，通常不适合燃烧挥发物低、含碳量高的燃料。

2）链条炉排锅炉：链条炉排的结构特点是炉排如同皮带运输机一样自前向

后地缓慢移动。燃料从料斗投入落在炉排上，随炉排一起前进，风机将空气从炉排的下方吹入炉内，从而使空气和燃料混合燃烧。燃料在炉内完成干燥、燃烧过程后，炉渣随着炉排向后移动。链条炉排锅炉造价和运行成本低，但其热效率较低，对负荷变化的适应性较差。

3）水冷振动炉排锅炉：此技术来源于丹麦，主要用于燃烧麦秆类生物质，是国内生物质直燃发电项目中最常采用的锅炉技术。水冷振动炉排锅炉结构如图 3-3 所示。其主要结构特点为锅炉炉底设有水冷炉排片、炉排支撑和驱动装置，炉排下部设有峰室。炉膛下部空间的截面积大，形成较大的燃烧区域；炉膛上部空间的截面积收窄，为燃料的燃尽区域。在炉膛燃烧区域布置二次风和燃尽风以提高燃烧效率，而屏式过热器和喷水减温器布置在炉膛顶部。

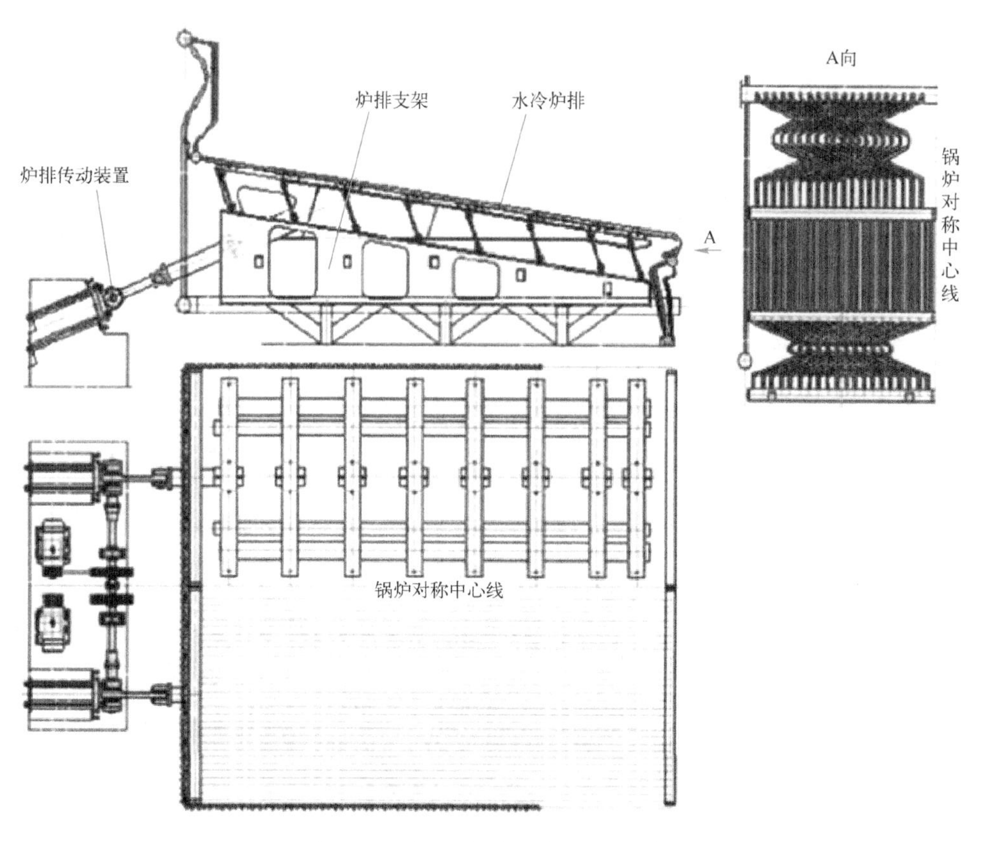

图 3-3　水冷振动炉排锅炉结构图

水冷振动炉排是一个弹性的振动工作系统。需要先设定好一定的激振方向和振幅、弹性板的容量规格和炉排的倾斜角度，电动机通过皮带轮将动力传递到传动轴上，当传动轴转动时，通过传动杆对炉排框架产生一个周期性变化的作用力，在此作用力下，炉排可以相应地产生周期性的振动。燃料在炉排上得到推动力，由前部到尾部的方向进行周期性的跳跃，从炉排的前端逐渐移动到炉排的尾部。在经过这一系列的过程后，燃料完成了预热干燥、燃料燃烧、燃烧完全的整个过程。水冷振动炉排的表面布有管道，管道内部通水，且水可以直接进入到锅炉的水循环系统，以确保炉排的充分冷却，因而炉排表面温度低，灰渣在炉排表面不易熔化，炉排也不易被烧坏。水冷振动炉排的间歇振动可以根据运行的需要将燃烧完的灰渣输送至出渣通道，灰渣经出渣机排出炉外。

水冷振动炉排锅炉最重要的特点是其特殊的结构和冷却方式，解决了炉排的过热问题。由于生物质燃料的灰分偏低、燃烧温度较高，炉排片很容易因为过热而受到损坏，因而水冷振动炉排可以很好地适应于生物质燃料的燃烧。与链条炉排相比，水冷振动炉排的振动加强了燃料层松动和燃料燃烧过程中的通风，因此燃烧效率较高。同时，由于燃料能够随着炉排振动进行周期性的滚动，可以防止外部生成的焦炭桥接结渣，进而黏结在炉排表面。锅炉一般采用 M 型多烟道结构，炉膛和过热器通道采用全封闭膜式水冷壁，可以很好地保证锅炉的严密性。而多烟道结构可以布置足够的过热器面积来防止积灰。

水冷振动炉排锅炉属于层燃锅炉。其优点是锅炉的整体结构简单，操作方便，投资和运行费用都相对较低，且具有燃料燃烧稳定、燃烧效率高、负荷调节能力强和自动化程度高等特点。然而，水冷振动炉排锅炉对单一燃料（如秸秆类生物质）具有很高的燃烧效率，但一旦燃料的物理、化学特性发生变化，很容易造成燃烧效率降低和碱金属问题恶化。水冷振动炉排锅炉没有摆脱类似悬浮燃烧的高温火焰区，对流受热面沉积、高温受热面金属腐蚀以及炉膛的去熔渣等问题没有得到解决。

2. 循环流化床锅炉

(1) 循环流化床锅炉简介

循环流化床技术兴起于 20 世纪 80 年代，具有燃烧效率高、污染物排放量低、热容量大等一系列优点。基于循环流化床技术的锅炉具有较好的燃料适应性，对各种水分大、热值低的生物质有较高的燃烧效率，因此西方发达国家早已采用循环流化床燃烧技术来利用生物质，美国、瑞典、德国、丹麦等国家的生物质利用技术已居世界领先地位，我国是在 1991 年由哈尔滨工业大学开展了对于生物质流化床燃烧技术的研究。

流化床燃烧是固体燃料颗粒在炉床内经气体流化后进行燃烧的技术，当气流流过一个固体颗粒的床层时，若其流速可以使气流流阻压降等于固体颗粒层的重力时（即达到临界流化速度），固体床本身会变得像流体一样，原来高低不平的界面会自动地流出一个水平面，即固体床料被流态化了。如果气流流速进一步加大，气体会在已经流化的床料中形成气泡，从已经流化的固体颗粒中上升到流化的固体颗粒界面时，气泡穿过界面而破裂，就像水在沸腾时气泡穿过水面而破裂一样，因此流化床又称为“沸腾床”或“鼓泡床”。若继续加大气流流速，当超过终端速度时，颗粒就会被气流带走，如果将被带走的颗粒通过分离器加以捕集并使之重新返回床中，就能连续不断地形成这个过程，此时称为循环流化床。

(2) 循环流化床锅炉的结构特点与工作原理

循环流化床锅炉的主要结构由炉膛、布风装置、水冷壁、旋风分离器、返料装置等组成，其结构示意图如图 3-4 所示。其工作原理为：燃料经过破碎机破碎至合适的粒度后，经给料机从燃烧室布风板上部送入循环流化床密相区，与炉膛内的沸腾床料混合，被迅速加热，燃料迅速着火燃烧，在较高气流速度的作用下充满炉膛，并有大量的固体颗粒被携带出燃烧室，经过旋风分离器分离后，分离下来的物料通过返料装置重新返回炉膛继续燃烧。经旋风分离器导出的高温烟气，流经过热器、再热器、空气预热器等受热面，进入除尘器进行除尘，最后由引风机排至烟囱进入大气。循环流化床锅炉燃烧在整个炉膛内进行，而且炉膛内具有更高的颗粒浓度，高浓度的颗粒通过床层、炉膛、分离器和返料装置，再返回炉膛，进行多次循环，并在循环过程中进行燃烧和传热。

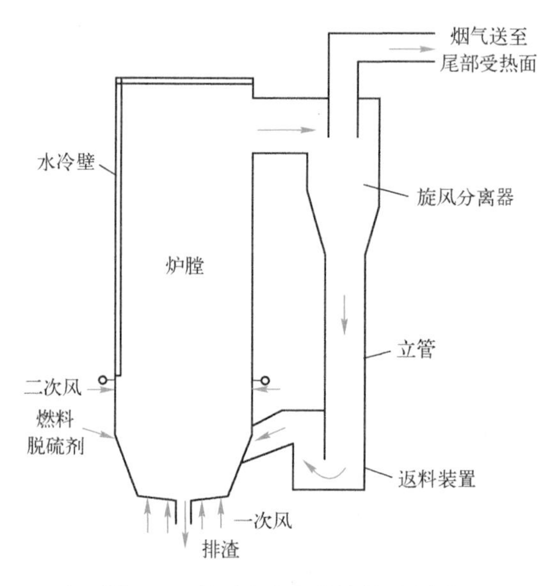

图 3-4　循环流化床的结构示意图

（3）循环流化床锅炉的优点

1）低温燃烧。循环流化床锅炉燃烧不同于层燃炉燃烧，由于需要保证炉内物料的流化状态，炉内需要有大量的惰性床料，如石灰石、灰或沙子等，这些惰性床料可以占炉内全部物料的 97%~98%，即任何时候炉内固体可燃物的比例不超过全部物料的 2%~3%。因此，即使燃烧温度为 800~900℃，在有充足的氧气的条件下，任何固体物料都能被燃尽，同时燃料在炉内较长的停留时间以及床内强烈的湍流流动，都可以保证在 800~900℃ 的温度条件下，循环流化床锅炉能够稳定、高效地燃烧燃料。

2）极好的燃料适应性。由于循环流化床锅炉炉内有大量的惰性床料，在燃料进入炉内后，经过强烈的湍流流动与惰性床料混合，极大地增加了燃料的接触面积，使得燃料在低温条件下能够完全燃烧，因此循环流化床锅炉具有极好的燃料适应性，几乎可以燃烧任何燃料，并能保证燃烧过程的稳定性和很高的燃烧效率。最早的流化床锅炉应用于煤燃烧，并验证了流化床锅炉可以燃烧所有种类的煤，此后各种其他燃料如石油焦、油页岩、城市垃圾、农林废物和废旧轮胎等皆成功地在流化床锅炉上进行了燃烧。

3）污染物排放量低。循环流化床锅炉具有低温燃烧特性，炉膛内大量的惰性床料与燃料的充分混合使燃料燃烧放出的热量能被均匀释放，不会形成悬浮燃烧和层燃燃烧难以避免的局部高温，且锅炉燃烧所需空气采用分段给入方式，有效抑制了 NO_x 的形成。循环流化床锅炉还可以有效地控制生物质燃料中碱金属的迁移，避免气相碱金属浓度的增加。同时基于良好的炉内反应条件，通过合适的添加剂，可以有效地固集甚至转化生物质燃料中的碱金属，从而缓解碱金属对尾部烟道的损害。

4）燃烧强度大。循环流化床锅炉炉内燃烧的流化状态使得惰性床料与燃料完全混合，提高了燃料单位面积的受热量，而且炉内气固混合强烈，燃烧速率高，从而大大提高了燃烧强度。

5）易于操作和维护。由于循环流化床锅炉的燃烧温度低，燃料燃烧后的灰渣不会软化和黏结，因而不存在炉内结渣的问题，炉膛内不需要布置吹灰器。较低的炉膛温度使炉内受热面热流率较低，减少了爆管的机会。循环流化床锅炉燃烧的腐蚀程度较层燃炉小，因此易于操作和维修。

（4）循环流化床锅炉直燃生物质存在的问题

1）燃料含水率差异性。由于不同种类、季节和地域的生物质燃料含水率高低不同，当燃料含水量增加时，炉膛内需要更多的热量来蒸发水分，造成炉膛吸热不足、烟气量增大、尾部排烟温度升高、锅炉热效率下降等问题，使发电厂经济性变差。虽然循环流化床锅炉对水分波动的适应性较强，但要达到良好的经济效益，还应该尽量将入炉燃料的水分控制在合理范围内。

2）床料烧结。保证物料的流化状态需要炉膛内存在大量的惰性床料，而生物质灰分含量低，导致循环灰量偏少，因此锅炉在运行时需要在炉膛内添加石英石等惰性床料，而由于石英石的硬度高，将会增加锅炉受热面的磨损。并且生物质中钾、钠等碱金属的含量较高，在燃料燃烧的过程中，碱金属与石英石中的 SiO_2 在高温下发生化学反应，生成的共晶体具有熔点低的特点，在高温下共晶体会熔化，熔融状态的共晶体会黏结周围的灰渣和砂粒而结块，添加石英石后，将会加剧炉膛内物料的烧结和结渣，若此时流化不良，将会导致锅炉因炉膛结焦而停炉。目前的预防措施主要是选取合理的风配比和炉膛截面宽深比，保证炉膛运行时温度场均匀，同时添加的循环床料可有效减少低熔点共晶体的形成。

3）锅炉部件的磨损。部件磨损主要与风速、颗粒度以及流场的不均匀性有关。由于循环流化床锅炉内的高颗粒浓度和高运行风速，锅炉部件的磨损会比较严重。其中尾部烟道受热面的磨损、漏风是目前循环流化床锅炉中常见的问题。

4）高、低温腐蚀。高温腐蚀的原因是过热器管子表面的高温黏结灰中含有碱金属氯化物，当温度高于 490℃时，该碱金属氯化物与燃烧时所生成的硫化物和氯化物将会发生化学反应，从而对受热面的管壁造成腐蚀。预防措施是可以通过调整过热器的布置形式，采用低温过热器布置在前、高温过热器布置在后的设计，避开腐蚀率较高的温度区域。也可以选取耐腐蚀性高的过热管材以减缓腐蚀等。低温腐蚀最严重的地方发生在空预器的冷空气进口端，由于生物质燃料中氯含量及碱金属含量都较高，在炉内高温的作用下，燃料中部分氯与碱金属盐发生化学反应，以气相 HCl 的形式存在，当空预器管子的金属壁温低于烟气酸露点时，烟气中的酸性气体将凝结在空预器管子的表面，并与烟气中的水分混合形成酸性液体，对空预器管子造成酸性腐蚀。预防措施为可以设计并选取合理的排烟温度，使空预器管子的金属壁温尽量高于烟气酸露点。同时，空预器可以采用卧管式的布置形式，以便于发生腐蚀时的检修和更换。

5）运行风速的控制。循环流化床锅炉的运行风速是一个重要参数。提高运行风速会使炉子更为紧凑，截面热负荷相应增大，此时为了保证燃料和惰性床料有足够的停留时间且布置足够的受热面，必须增加炉膛高度。这样会导致磨损和锅炉造价的增加，风机功率会增大，发电厂用电也会相应增加。但风速过低则无法发挥循环流化床的优点，因此确定锅炉的最佳运行风速是至关重要的。

3.4　生物质直燃发电技术发展趋势与展望

根据国家发展和改革委员会印发的《可再生能源中长期发展规划纲要》（2006—2020）报告中指出：截至 2020 年，我国生物质发电机组总装机容量需达到 3 万 MW。可见国家对生物质发电技术的重视与支持，生物质直燃发电行业也将形成积极支持、合理布局、稳步推进的发展趋势。

3.4.1　我国发展生物质直燃发电的必然性

我国的生物质资源极为丰富，从环保需求和农民增收等方面来看，发展生物质直燃发电很有必要。

1. 生物质资源极为丰富

农作物秸秆、树木枝丫、能源作物等即可作为直燃发电的燃料。目前，全国农作物秸秆年生产量约为 6 亿 ~7 亿 t，除部分作为造纸原料和畜牧饲料外，剩余 3 亿 t 左右（约合 1.5 亿 t 标准煤）的秸秆未被利用；树木枝丫和林业废物年生产量约为 9 亿 t，大约 3 亿 t（约合 2 亿 t 标准煤）可以作为燃料利用。这些未被利用的生物质资源可以为生物质直燃发电提供巨大的燃料供应。

2. 环保需求

我国多数地区的农作物秸秆、稻壳等多以直接焚烧的方式处置，造成了大量的烟气污染，在堆放过程中也极易产生甲烷等温室气体。同时我国每年发电用煤量约 9.5 亿 t，煤的平均含硫量为 1%，每年燃煤发电会释放约 1350 万 t SO_2 和 550 万 t 粉尘。而每两吨秸秆的热值相当于一吨标准煤，其平均含硫量仅为 3.8‰，所以采用秸秆燃烧发电可以大大减少污染物的排放，改善农村的居住环境。

3. 农民增收

我国秸秆、稻壳等的存量巨大，而利用率仅为 50% 左右。若农户将秸秆和稻壳等收集起来卖给发电厂，则可以增加收入，如每吨 100 元卖给发电厂，3 亿 t 秸秆则可以增加 300 亿元收入。同理，其他生物质如林业废物等也可以卖给生物质发电厂作为燃料，以增加农户的收入。此外，原料收集系统的所有工作均由当地农民完成，所以生物质发电项目还可以为当地农民提供大量的就业机会。

生物质直燃发电厂规模化建成、运行证明，生物质直燃发电在我国是可行的。我国的农业生产虽然比较分散，但通过建立适当的生物质原料收储运系统，可以为生物质直燃发电厂提供原料保障，且随着技术水平的进步，生物质直燃发电行业的良性发展是可以预见的。

3.4.2 我国生物质直燃发电技术面临的问题

目前，我国生物质直燃发电技术也面临许多问题，如运营成本高、技术不成熟、财税政策不完善等。

1. 运营成本高

在我国目前的生物质直燃发电水平下，发电机组的投资成本相对于燃煤发电机组较高。此外，生物燃料供应不足以及废物和秸秆的运输与储存困难也是造成生物质发电厂利润损失的重要原因。由于我国在农业上实行家庭联产承包责任制，大规模的秸秆收集需要面对成千上万的农户，收集难度大。且多年来秸秆一直是农户家庭的燃料，他们并没有出售秸秆的意识。同时由于秸秆密度小、体积大、所需储存面积较大、收购具有季节性，为保证发电厂的持续运行，需要保证较大储存量，储存费用较高。目前，我国秸秆发电项目的单位成本约为 9000 元/kW，燃料成本为 3000 元/(kW · h)，远高于燃煤电厂。如今，我国大部分生物质发电厂主要靠政府支持，尽管有许多优惠政策，但盈利能力仍低于常规火力发电厂。所以，当政府不再拨款后，生物质发电厂将陷入困境。

2. 技术不成熟

目前，我国生物质直燃发电厂所需的锅炉和燃料运输系统的技术和设备几乎全部依靠进口，但由于国内外国情的差异，如运输方式、生产方式等，引进的设备无法完全满足国内发电厂的需求，因此使得机组无法安全、稳定、高效地运行。同时，由于核心设备皆需要进口，我国生物质直燃发电行业将在很长一段时间内受到国外企业的影响。

3. 财税政策不完善

中央和各地方政府近年出台了一系列法律法规，在不同层面上支持可再生能源产业的发展。现有法律和政策为生物质发电提供了有利的环境和法律保障，但政策及激励措施的力度仍然不够。目前上网电价偏低，生物质发电项目的实际收益与日益高涨的成本之间的差距日益缩小，项目盈利的空间也就愈来愈小。另一方面，财税和补贴政策与实际发展不相适宜，难以利用合理的方式来支持产业的长远进步，这在一定程度上导致产业的发展受到抑制，无法满足实际的工作需求。

3.4.3 应对措施

我国生物质资源丰富但分布广泛，因此在收集、运输和储存生物质资源方面存在困难。我国应调查并全面评估国内的生物质资源分布和种类，合理规划生物质直燃发电厂的选址和建设规模，避免盲目圈地，并与电网的建设相协调。如在粮食产区，建立以农作物秸秆为燃料的生物质直燃发电厂；在森林资源丰富的地区，建立以木材作燃料的生物质发电厂。在技术开发和装备制造方面，我国应该整合现有技术，将对生物质直燃发电技术的开发和研究纳入国家规划中。同时政府应该鼓励科研机构研究学习生物质直燃发电的上下游产业链，开发关键技术和关键设备，形成从生物质资源收集、储存、运输到焚烧废物深度处理的全产业链，同时要尽快开发具有自主知识产权的生物质发电锅炉，从而最大限度地降低生产成本，提高系统的经济性、可靠性及稳定性。

基于目前生物质直燃发电产业的发展现状，我国应依托政府管理部门建立设备检测认证体系，制定标准和法规。一方面，需要加强安全监督检验与设备合格验证，如与生物质直燃锅炉相关的法律法规和技术标准。同时要加强项目管理，并建立严格的市场准入制度，完善技术监督，优化产业结构。对示范项目进行审查评估、跟踪调查和经验总结，并负责人员培训、专家体系建立、数据库及网站建设等工作。另一方面，需要考虑的问题是上网电价，当前的上网电价政策很难支持生物质直燃发电厂的正常运行，为了保证生物质发电行业的生存能力，促进生物质能源的开发和利用，生物质发电电价需要进行合理的调整。生物质直燃发电行业还处于发展期，国家有必要提供财政补贴，适当给予企业所得税优惠，支持技术开发和装备制造。最后，生物质发电企业在实际发展期间，应当做好宣传教育工作，加强农民对生物质发电行业的认识，调动农民对出售生物质燃料的积极性，使得社会群众形成正确的观念，促进产业的良好发展。

3.5 典型工程

我国较为典型的生物质直燃发电工程有山东省单县水冷炉排锅炉生物质直燃发电项目和中节能宿迁循环流化床锅炉生物质直燃发电项目。

1. 山东省单县水冷炉排锅炉生物质直燃发电

2006 年 12 月，我国第一个秸秆直燃发电项目山东省单县 25 MW 生物质发电厂正式投产运行。该项目由国能生物发电集团有限公司投建，发电厂建设规模为 1 台 130 t/h 的生物质振动炉排高温高压锅炉，配置 1 台 25 MW 的单级抽凝式汽轮发电机组。

该项目采用的水冷振动炉排技术引进于丹麦 BWE 公司，锅炉由济南锅炉厂制造，部分核心设备为原装进口。生物质燃料主要以棉花秸秆为主，掺烧部分树枝、果枝等林业废物，燃料最大含水率为 25%，秸秆每小时消耗量为 22~25 t，年耗量为 16~18 万 t，年度可运行时间达 7800 h，年发电量约为 1.8 亿 kW · h，锅炉效率达 91%，发电厂净效率超过 33%。与相同规模的燃煤发电厂相比，每年减少 SO_2 排放量约为 600 t，年节省标准煤可达 40 万 t，同时年产 8000 t 左右草木灰，作为高品质的钾肥，草木灰可以直接还田使用。

该项目的秸秆收储运模式为在发电厂 30 km 范围内设置秸秆收购站，从农户处收集秸秆，在收购站进行破碎，再运送至发电厂的储存区。收购站的总储存量为 4 万~5 万 t，发电厂内涉及燃料储存量为 7 天，日秸秆燃料吞吐量达 600 多 t。

该项目采用特殊的锅炉结构设计和适宜的合金材料，可以缓解燃料燃烧过程中的积灰、结渣和高温腐蚀等问题。作为国内最早实际运行的项目，系统的整体设计和经营管理经验以及秸秆的收储运模式对于生物质发电产业具有极为重要的借鉴意义。

2. 中节能宿迁循环流化床锅炉生物质直燃发电

2007年10月，中节能宿迁生物质直燃发电项目正式投入商业化运营，该项目是国内第一个采用自主研发系统、拥有完全知识产权的生物质直燃发电示范项目。发电厂的建设规模为2台75 t/h中温中压循环流化床生物质锅炉，配置两台12 MW发电机组。2008年，公司发电量为1.36亿kW·h，上网电量为1.19亿kW·h，年利用秸秆等生物质燃料约20万t，实现销售收入7569万元。

该项目采用的循环流化床生物质燃烧技术是由中节能（宿迁）生物质发电有限公司与浙江大学等科研机构联合研发的，其中的循环流化床锅炉和给料装置皆为国内首创，可以同时燃烧林业废物和农作物秸秆，避免了对单一燃烧品种的依赖。锅炉具有燃料适应能力强、锅炉热效率高和系统易于掌握与调节等特点，且锅炉的设计在保证燃烧效率的前提下，利用流化态的低温燃烧热性可以避免碱金属问题造成的危害。在锅炉的连续运行过程中，炉内床料流化状态良好，温度分布正常，未出现明显的床料团聚现象，结渣和沉积现象很轻微，未影响锅炉的正常运行。

该项目采用的生物质破碎输送上料系统充分考虑了我国国内小规模农业生产的国情，可以输送多种秸秆，满足多品种、多包型的破碎和输送需求。

该项目采用分散收集、集中打捆存储的秸秆燃料收运模式。在发电厂周围80~150 km范围内设置若干个秸秆收储公司，秸秆由农户分散收集、储存，达到一定数量后向收储公司出售，再从收储公司的仓储地运送至发电厂仓库内储存。

该项目的成功投产推动了我国在生物质直燃发电领域自主创新能力的形成和设备国产化的进程，在项目选址、建设、生物质燃料的收储运模式和电站的运行管理方法等方面为国内生物质直燃发电项目提供了宝贵的经验。

第4章　生物质气化发电耦合资源化利用

随着温室效应的加剧和化石能源的枯竭，人们对于生物质和生物质能的关注达到了前所未有的地步。生物质能储量丰富，且对其的应用不会进一步加剧温室效应，是化石能源较为理想的替代能源。但现今的生物质能利用率仍然较低，据统计，全球每年积累的生物质能总量高达 1.8×10^{11} t，是全球年总能耗的 10 倍，但在世界能源消费结构中，生物质能占比仍不足 3%，仍具有极大的挖掘潜力。

4.1　生物质气化发电概述

生物质发电是生物质能源化利用的主力，而根据发电形式的不同，又可以分为生物质直燃发电、生物质气化发电、生物质制氢发电和生物质厌氧发酵发电等形式，其中，生物质直燃发电和生物质气化发电发展得较早，技术较为成熟且发电规模较大。在国家政策的鼓励之下，生物质气化发电技术具有广阔的应用场景。

4.1.1　生物质气化发电国内发展概况

我国的生物质气化发电技术发展得比较早，且经过几十年的探索，如今已经实现了主要设备的全面自主化，并掌握了相关的先进技术。20 世纪 90 年代，江苏吴江率先建成了稻壳气化生产燃气驱动发电机组，单机功率为 160 kW，已经长期生产运行。中国科学院广州能源研究所在“九五”期间研制出 1 MW 生物质气化发电系统并已经投入商业运行，分别在海南三亚、广东揭东建立了兆瓦级气化发电示范工程，“十五”期间开发了 4 MW 生物质气化联合循环发电，在江苏兴化投产运行，并开发了完全拥有我国自主知识产权的整体气化联合循环（Integrated Gasification Combined Cycle，IGCC）发电系统，该系统采用大型循环流化床作为气化反应器，大容量低热燃气轮机作为发电方式，并包含着辅助废热利用系统。这套系统的最大功率可以达到 18 kW，并且已被证明了具有经济适用性，其建设成本和运行成本均较国外同类系统要低。中国林业科学研究院林产化学工业研究所先后在国内建立了 400~800 kW 锥形流化床生物质气化发电机组示范装置并投入运行。

近年来，生物质气化发电技术从单一的供热供电逐渐开始向耦合资源化利用的方向发展，但总体上这些发电工程相较于主流的火电工程功率效率还是较低，并且在成本控制、规模化运行等方面仍然有诸多不足，虽然已经有长期运行的发电工程，但在总体上仍然处于示范和研究的阶段。研究学者对提高发电效率、不断完善发电技术也进行了深入研究。也有研究学者采用生物质气化多联产的工艺来提高生物质发电系统的经济效益，如炭电联产系统、炭气油多联产系统等，但相关技术仍需进一步开发研究。

4.1.2 生物质气化发电国外发展概况

生物质气化发电技术是生物质发电技术的重要分支，该技术在西方国家发展较早且较为成熟。一些欧美国家在生物质气化发电技术上处于领先地位，如瑞典、美国、奥地利、加拿大、丹麦和德国等国家，建立了很多自动化水平高、工业过程复杂的生物质气化发电厂，规模达到了几百兆瓦。丹麦技术大学早在 20 世纪 80 年代中期就已经开始着手研究秸秆气化的实际应用，并开发了二级下吸式气化系统。1993年，Unsaldo Volund有限公司在丹麦Harboore建成了世界上第一个大型生物质气化发电厂，这一项目以上吸式固定床作为气化炉，其建设的目的是验证上吸式固定床持续运行的可能性。该发电厂起初仅为周围村庄供热，2002年开始正式实现热电联产的应用。2005年，丹麦斯基沃市建设了Carbona热电联产厂，采用鼓泡流化床作为气化反应炉，其运行功率更大，发电功率为5.5MW，供热功率为11.5MW。在之后的十几年中，世界各地不断有新型的生物质气化发电厂建成。如意大利建于佛罗伦萨地区基安蒂的Greve气化站，成功开发了生物质气化发电和水泥厂供燃气共用的工艺，站内所用的生物质颗粒由城市垃圾和农业生产废物加工制成，气化站内有两台循环流化床气化炉，其中一台所生产的燃气全部供给水泥厂，另一台的1/3供给水泥厂，另外2/3供给气化站内的蒸汽锅炉进行发电，发电功率为2.8MW。

4.2 生物质气化发电相关理论

顾名思义，生物质气化发电技术是指生物质在高温（500~1400℃）作用下，利用空气、蒸汽、氧气等作为气化剂，将固态的生物质首先通过热过程实现气化，然后通过对生物质合成气的燃烧实现热转化，将生物质中所含的化学能转化为热能，再通过工质将热能转化为机械能，带动发电机组的运转，最终转化为电能的过程。

4.2.1 生物质气化发电定义

生物质气化发电系统包括生物质气化系统和发电系统两大部分，又可细分为生物质气化炉、燃气净化系统、集碳系统、发电机组和控制系统等子系统及相关设备。气化炉是生物质气化的核心，包括固定床、流化床和双流化床等多种类型，生物质的气化过程主要有三个阶段：干燥阶段、热解阶段和燃气重整阶段。而常用的生物质燃料包括泥煤、切割和板材废物、旧轮胎和切碎的塑料等回收的垃圾以及木质生物质。

4.2.2 生物质气化发电工作原理

生物质气化发电技术是生物质能利用的一种重要形式，其基本原理是将生物质燃料在气化装置中气化成可燃气体（CO、H_2 等），之后将净化后的可燃气体输送至燃煤锅炉中燃烧，通过水蒸气或空气等工质将化学能转化为动能，带动蒸汽机、内燃机或燃气轮机的运转，并进一步通过发电机组将动能转化为电能。

4.2.3 生物质气化发电特点

生物质气化发电技术的原料适用性广，单一或混合生物质原料均可以用于气化发电。但此方法对于气体燃料的净化程度具有较高的要求，同时生物质气化发电技术的整机容量较小。因此，此类发电机组一般多设置在小型加工单位附近。另外，生物质气化发电技术具有规模灵活的特点，根据应用地区和用户的不同，可以灵活地调节发电规模，具有广泛的适用性，还能够将过程中产生的废蒸汽、多余合成气与相关供热、供气系统进行结合，确保项目工程成本低、投入少、规模小、经济效益高、易回收。生物质气化发电技术在不同规模的应用设备上、工艺细节上多有不同，呈现出不同的工艺特点。生物质气化发电对环境友好，整个流程中可以保持碳平衡，能够大幅减少 CO_2 和 SO_2 等污染物的排放。

生物质气化发电技术相较于生物质直燃发电技术、生物质厌氧发酵发电技术和生物质制氢发电技术等而言具有规模灵活、效率稳定、可实现多联产的特点。无论是大型发电厂，还是边远地区的小型发电设备，生物质气化发电技术都具有较好的适应性。而且由于是通过对燃气的燃烧产生热量进行发电，生物质气化发电技术可以避免由于原料差异所造成的燃烧效率的波动，发电效率也相对稳定。同时，生物质气化灰渣中仍含有较多的碳、氮、镁等元素，可以被回收利用成为建筑原材料、化工原料、复合肥原料等资源化产品，实现耦合资源化利用。但同时，生物质气化过程相对于生物质直燃过程，其能量的利用效率也相对较低，且更容易产生焦油等副产物，对设备的要求较高，相应的运营成本也较高，因此针对该技术，还需要进一步解决诸多技术上的难题，实现生物质气化发电技术进一步的产业化、规模化。

4.3　生物质气化发电工艺

生物质气化发电技术工艺主要由两部分组成，一是生物质的气化过程，二是将得到的合成气净化并进一步燃烧，然后通过相关发电机组进行发电。其中，生物质气化过程直接关系着生物质能的利用效果和效率，是区别于传统火电发电方式的关键和核心。

4.3.1　生物质气化发电原料

一般来说，适用于生物质气化发电的生物质需要具备含有一定热值、产量丰富、来源广泛等特点。结合实际的生活生产情况，一般采用木材残余物、农业废物、能源作物和城市固体废物中的有机成分作为气化原料，尤其是有机废物，一方面可以产生新的能源，另一方面也可以帮助解决环境问题，是一举两得的做法。

木材残余物的组成简单，水分含量较低，形状固定，进行加工成型等预处理的过程方便，由以碳、氢、氧等多糖化合物为主的化合物构成，所含灰分、污染物及水分较少，因而木材残余物是较为理想的气化原料，主要包括燃料木材、木炭、木材废物和森林的残余物。

在农业废物方面，我国的生物质主要为作物秸秆、稻壳和畜禽粪便。我国是农业大国，每年生产各类作物秸秆 10 亿 t 以上，未被利用的仍有 20%左右。相对木材残余物，秸秆中含有较多的灰分，挥发分在 75%左右，稻壳中的灰分含量也较高且热值较低，其作为生物质气化原料的适用性相对较低。但这类农业废物来源广泛且产量巨大，具有较高的资源潜力，对于它们的气化发电技术是研究人员所关注的焦点。畜禽粪便也是农村常见的生物质废物，除了常见的堆肥处理之外，近年来出现了针对这类生物质的气化的研究。通过对畜禽粪便的气化可以得到固体粪便炭、提取液和可燃气等产品，其资源化利用面较广。

木薯、棕榈等能源作物也可以作为气化原料，由于其本身热值较高，因此通过气化之后所得的产气热值也较高，但是能源作物及其利用后的废物的产量也相对较低，可以考虑在产地周围建设小型的生物质气化发电工程，从而进一步挖掘其能源潜力。

城市固体废物的成分复杂，水分含量高，所含污染物多，对其气化产生的合成气热值较低，且容易产生各类污染物、腐蚀设备并污染环境，因此针对城市固体废物的气化过程较为困难。但相对应的城市固体废物产量巨大、能源潜力大且对环保的压力大，其气化技术亟待进一步的研究和发展。

4.3.2 生物质气化过程

生物质气化总体可以分为 4 个过程，即生物质的干燥、热解、氧化反应和还原反应，它们是生物质气化设备设计时必须考虑的重要因素。

生物质的干燥过程是生物质中所残留的水分在炉内的高温下发生进一步析

出蒸发的过程。生物质中的外在水分在 105℃下发生析出，一般这个过程发生得较为缓慢，且需要大量的热量。由于水分的蒸发需要吸热，在这个阶段进行时，被加热的生物质的温度一般不发生变化。生物质的干燥过程在生物质气化过程中是最先进行的阶段。由于在固定床中生物质物料大多从上部加入气化炉，且由于重力作用由上而下在炉内运动，因此在绝大多数固定床气化炉设计中，生物质干燥区位于气化炉的上部。一般认为气化炉上部的温度较低，生物质不会发生明显的化学变化。

在生物质的干燥过程之后的阶段是生物质的热解过程。所谓热解过程是指生物质中诸如纤维素、木质素等大分子内发生分子键的进一步断裂，裂解成小分子的过程。伴随着这一过程的发生，生物质会析出挥发分，留下固定碳和灰分，一般这个过程发生的温度在 105℃之上。生物质的热解过程非常复杂，时至今日仍是研究人员所关注的焦点之一。在生物质的热解过程中会产生成分复杂的焦油和部分由甲烷、H_2、CO 和 CO_2 等气态物质组成的合成气。其过程可由化学式（4-1）概括。

$$C_nH_{2m}O_x \rightarrow \text{半焦}+\text{焦油}+\text{合成气} \qquad (4-1)$$

该反应也称为吸热反应，且当温度达到 150℃以上时生物质会发生不可逆转的热解过程，当温度达到一定高度后，生物质中的氧将参与热解反应，使得反应发生得更加剧烈。固定床气化炉内的热解反应区是与生物质干燥区相邻的，但该区域的温度较高。

为了保证生物质气化炉内的温度和热量的供给，需要对生物质的部分成分进行燃烧，即发生氧化反应。一般参与氧化反应的原料是生物质经热解后剩下的主要由碳构成的残留物。在这一阶段发生的主要反应如下。

$$C+O_2 \rightarrow CO_2 \qquad (4-2)$$

$$2C+O_2 \rightarrow 2CO \qquad (4-3)$$

不同类型的反应炉内氧化区的位置也不一样，这与气化炉的设计密切相关，因为氧化反应发生的区域不同，所以这些不同类型的气化炉也各具特色和优势，并被应用于不同的工程之中。

生物质的热解产物中含有大量的焦油和可以被继续利用的碳，为了得到较多的合成气并减少灰渣中碳含量和焦油，提高气化效率，生物质的热解产物会进一步在炉内进行热重整。这一过程多伴随着加入水蒸气、CO_2 等气化介质，而这些加入的气化介质在重整阶段会发生还原反应，因此这一过程也被称为还原阶段。此阶段一般是吸热过程，其主要的反应如下。

$$C+CO_2 \rightarrow 2CO, \Delta H=162.41 \text{ kJ/mol} \tag{4-4}$$

$$C+H_2O \rightarrow CO+H_2, \Delta H=118.82 \text{ kJ/mol} \tag{4-5}$$

$$C+2H_2O \rightarrow CO_2+2H_2, \Delta H=75.24 \text{ kJ/mol} \tag{4-6}$$

$$CO+H_2O \rightarrow CO_2+H_2, \Delta H=43.58 \text{ kJ/mol} \tag{4-7}$$

和氧化反应区一样，不同类型的气化炉中还原反应区的位置也不尽相同，需要根据反应炉的设计进行讨论。

4.3.3 生物质气化分类

气化介质是指在生物质气化过程中，为了促进热解产生的半焦和焦油进一步重整转化为合成气，提高气化效率而加入的物质，如水蒸气、空气等。根据加入参与气化反应的气化介质的有无和种类，可以将气化反应分为热解气化、空气气化、氧气气化、水蒸气气化、水蒸气-氧气（空气）混合气化和氢气气化等几种形式。

热解气化指的是不加入气化介质的气化过程，又被称为部分气化。一般该过程在 N_2 等惰性气体中进行，由于没有气化介质，生物质只会发生热解过程，而重整过程很有限，并不会发生氧化反应，需要外界提供热源。这种气化过程明显不适用于生物质气化发电技术，其产物中有着大量的焦油和焦炭，气化效率很低，但是可能适用于某些特殊化学物质的制备和生物质热解过程的研究。

空气气化是指在气化炉中加入空气作为气化介质。空气中含有的 O_2 在气化炉中的氧化反应区内和热解产生的部分含碳物质发生氧化反应提供热量，实现反应的自热进行。而空气中所含的少量 CO_2、水蒸气等气体也可以参与重整过程，促进生物质热解焦油和半焦的进一步气化。由于空气便宜易得，空气气化被广泛应用于生物质气化发电的过程之中。但是空气气化的缺点也很明显，空气中含有大量的 N_2，因此气化产气中的可燃气体会被 N_2 所稀释，降低了产气的单位热值。

氧气气化是针对空气气化的缺点而开发出的生物质气化工艺。由于气化介质中不含 N_2，因此产气不会被稀释，单位热值较高。而且在气化炉内，氧化反应的发生效率提高，因此相对于相同当量比的空气气化，氧气气化的反应温度高、反应速度快、热效率有所提高且反应器的体积可以减小。但是氧气气化也意味着需要空分制氧装置，提高了生物质气化工艺的运行成本和复杂程度。

水蒸气气化的思路和空气气化及氧气气化的思路不同，水蒸气主要辅助生物质气化过程中的还原反应过程。通过加入水蒸气，生物质的热解产物会发生进一步的重整，从而提高气化效率和所产生合成气中的 H_2 含量。但以水蒸气作为气化介质意味着整个气化过程均为吸热过程，需要外部热源，且不易控制和操作，技术较为复杂，不适用于生物质气化发电技术。一般需要制备高氢气含量的合成气时可以运用该工艺。

水蒸气-氧气（空气）混合气化是将水蒸气气化技术和氧气（空气）气化技术相结合的气化工艺。理论上这种工艺兼有两种工艺的优点和特色，一方面可以提高生物质的气化效率，另一方面也可以实现反应的自供热进行，而且在气化反应时部分 CO 生成所需的 O_2 可由 H_2O 提供，减少了 O_2（空气）用量，且产生的合成气中含有较多烃类物质和 H_2，较为适合作为燃气。但此工艺的两种介质的加入控制技术更为复杂，不易控制和操作，运行成本高。

氢气气化的目的是得到大量的甲烷等烃类物质，所产生的合成气可以作为高热值的燃气。同样，氢气气化过程需要外部热源，而且反应条件较为苛刻，所需温度也较高，不适用于生物质气化发电技术。

4.3.4 生物质气化发电分类

生物质首先在气化炉中发生气化，产生合成气，合成气经过净化后作为燃气进一步燃烧产生热能推动工质做功，从而带动发电机运转发电。根据对燃烧产生能量的利用方式的不同，生物质气化发电工艺有如图 4-1 所示的几种流程路线。

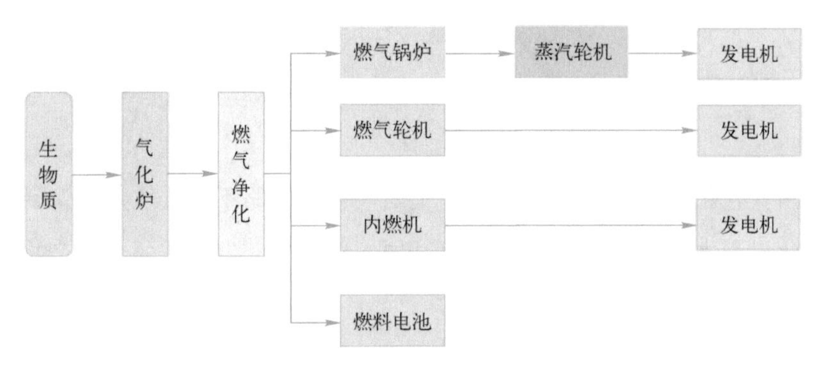

图 4-1 生物质气化发电工艺示意图

这几种工艺路线各有特色和优势，采用燃气锅炉驱动蒸汽轮机并带动发动机发电的方式，可以避免合成气中所含的焦油和颗粒对轮机等设备的磨损和腐蚀等侵害，延长设备的使用寿命，同时相对于生物质直接燃烧发电的形式，可以避免燃烧结渣等对锅炉的损伤。但这一方式的能量转化过程较多，因此能量利用效率较低。而采用内燃机和燃气轮机的方式明显对燃气燃烧后产生能量的利用效率更高，但对燃气净化的要求也更高。同时，燃气轮机需要高压燃气才能获得较高的效率，因此需要对燃气进行加压配合使用，设备成本较高，且相对于内燃机来说，燃气轮机的技术还没有完全成熟，造价较高。因此现今应用最为广泛还是内燃机的技术路线。除了上述几种通过燃烧燃气获得能量的工艺路线之外，研究人员近年来还发展了利用燃料电池发电的技术。通过将产生的燃气净化后直接送入燃料电池产生电能，避免了燃气的燃烧和能量的转化，直接将化学能转化为电能，这一方式大幅提高了能量的利用效率。但现如今燃料电池的技术相对还不成熟，难以适应于大规模产业化的运作，这一工艺路线还停留在研究阶段。

4.3.5　生物质气化发电评价方法

生物质气化发电涉及的过程较多，不同工艺的过程之间各有优缺点，因此对于生物质气化发电工程的评价也较为困难，需要从多方面进行考查并综合评价。鉴于此，研究人员引入了生命周期评价（Life Cycle Assessment，LCA），以在一定程度上量化评价生物质气化发电工程在利用过程中对环境造成的影响。

LCA 主要的评价标准有两种，即 ISO 14040（环境管理-生命周期评价-原则及框架），ISO 14044（环境管理-生命周期评价-要求事项及方针）。在 LCA 中，对于系统工程的评价需要从以下几个方面出发。

1）材料生产：原料资源的开采、至工厂的运输、材料的生产。

2）产品（最终产品）生产：材料运输、材料加工、最终产品的生产和运输。

3）最终产品的使用。

4）产品达到使用寿命后的处理：废弃、再生利用。

通过将 LCA 引入生物质气化发电系统工程，研究者证实生物质气化发电系统是一种对环境友好的系统工程，同时根据这一评价方案，研究人员可以从中得出现有工程的优缺点，同时对其加以进一步的改进。

4.4 生物质气化发电技术

生物质气化技术是生物质气化发电技术的核心，也是这一发电技术区别于其他发电技术的最主要的技术特点。而关系到生物质气化状况的影响因素主要是生物质本身的特性、气化过程条件和气化反应器的构造三个方面，这其中气化反应器的构造针对生物质本身的特性直接影响着气化过程，是生物质气化过程影响因素中的中轴，也是生物质气化发电技术工程设计中的重中之重。此外，生物质燃气净化直接关系着发电效率和设备的使用，是生物质气化技术和发电技术的连接点，也需要格外关注。

4.4.1 生物质气化反应器

在生物质气化发电技术中，一般采用空气气化或氧气气化的方式，而根据工程要求和生物质物料的特性，现有的工程和实验多考虑上吸式固定床、下吸式固定床、鼓泡流化床、循环流化床、气流床和其他床型等几种反应器，下面对其进行一一介绍。

所谓固定床是指在反应器中物料床层比较稳定，物料在反应器内的不同位置发生不同的反应，即物料在反应器内具有不同的反应区，并在不同的反应区内移动，物料依次进行干燥、热解、氧化和还原等反应阶段，最终转化为合成气。上吸式固定床的物料运行方向和气化介质的流动方向相反，物料由于重力作用由上而下进入反应器并在反应器内移动，而气化介质则由下而上流动，具体原理如图 4-2 所示。物料在下落过程中依次经历干燥、热解，生成半焦、焦油和合成气，并在下一个区域（还原区）内遇到由下而上的、和碳发生氧化反应后的空气或者 O_2 的气流，发生重整，进一步生成合成气。生成的合成气随着气流向上并从上端流出反应器，而剩下的焦炭进一步下落至氧化区与流入的空气发生氧化反应，释放热量并产生 CO、CO_2等气体后成为灰渣，落入反应器底部。上吸式固定床结构简单，因此设备的维护和建设成本较低，但缺点是热解产生的部分焦油和半焦可能不会进一步重整为合成气或者落入氧化区继续反应，而是被气流裹挟带出反应器，从而使得产气中含有较多的焦油和颗粒，对燃气净化设备的要求要更高，并且对后续设备的损伤较大，而没有发生燃烧的焦油和半焦也造成了能量的损失。正是由于这些缺点，目前采用上吸式固定床的生物质气化发电项目已经不多，但在一些功率较大的发电项目中仍有应用。

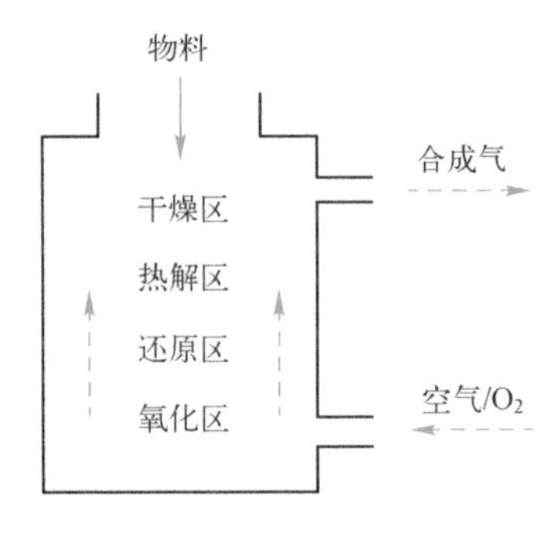

图 4-2　上吸式固定床示意图

下吸式固定床和上吸式固定床最大的不同在于反应器内的氧化区和还原区的位置相反，其原理如图 4-3 所示。物料从上部进入反应器后依次经历干燥、热解，之后产生的半焦、焦油和合成气与从此处进入的空气或 O_2 发生剧烈的氧化反应，产生大量 CO_2、水蒸气和热量，这些 CO_2和水蒸气随着氧化不完全的焦炭进一步下落进入还原区，在还原区发生重整还原，形成合成气从格栅内部流出反应器，而剩余的灰渣则落入反应器底部。在下吸式固定床中，半焦和焦油都与 O_2 直接反应，因此去除得较为完全，相较于上吸式固定床更具优势。现今国内外采用下吸式固定床的生物质气化发电项目较多，可以认为下吸式固定床的设计和技术已经较为成熟。

除了固定床之外，流化床也是生物质气化发电技术所经常采用的反应器。流化床内各部分的温度和物质分布较为均匀，没有和固定床内一样明显的反应

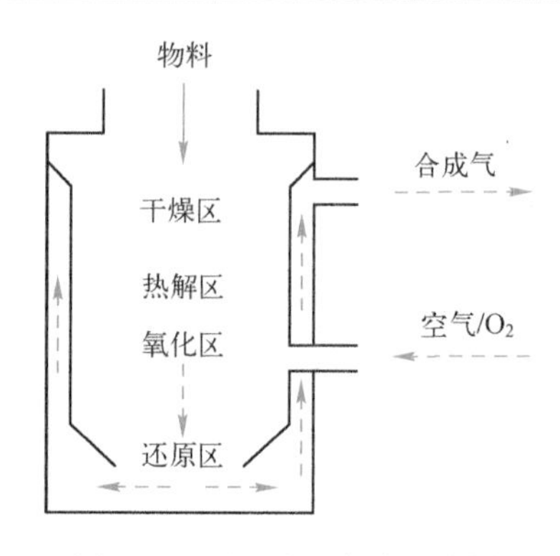

图 4-3 下吸式固定床示意图

分区，也没有炉栅部件，仅由布风板和燃烧室等组成。流化床内固态颗粒呈现流化状态，因此物料之间以及与气化介质之间的接触较为均匀。而根据流化床内气固流动特性的不同，流化床可以分为鼓泡流化床和循环流化床，分别如图 4-4、图 4-5 所示。鼓泡流化床中气体从流化床底部的布风板进入流化床，在呈现流化状态的固体颗粒物料中以鼓泡的方式由下而上运动，最终裹挟产生的合成气从流化床上部流出反应器。这种流化床中气体流动速度相对较慢，因此物料可以均匀充分地在反应器中与气化介质反应并气化产生合成气，产生合成气的成分也比较均匀，产气效率也较高。但缺点在于可能会产生较大的气泡，导致气体不参与反应绕过反应床层。

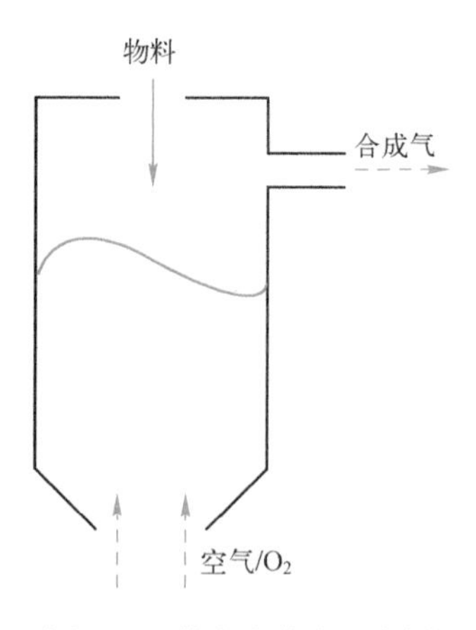

图 4-4 鼓泡流化床示意图

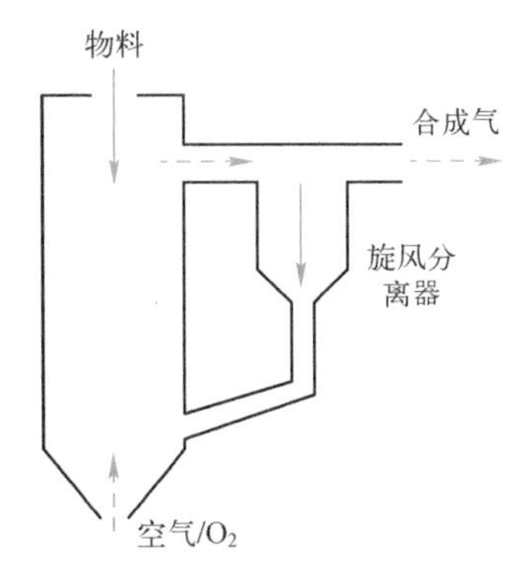

图 4-5　循环床示意图

循环流化床的气流速度较快，所以由下而上的气流会裹挟部分未能反应的流化态颗粒从反应器上部送出反应器，再通过旋风分离器重新送入流化床中进行反应。由于循环流化床会持续将未反应完全的颗粒重新送入反应器中，因此具有很高气化效率，也比较适合快速反应。但是相对于鼓泡流化床来说，循环流化床在流动方向上存在一定的温度梯度，其物料的分布并不完全均匀，热传导效率也相对较低，因此合成气的成分未必是完全均匀的。为了保证旋风分离器的正常工作和流化床内热传导的顺利进行，循环流化床对于入料颗粒的粒径分布要求较为严格，这意味着循环流化床可能难以使用于一些形状较为奇特且加工比较困难的生物质原料。循环流化床在生物质气化发电项目中的应用也比较多，现今许多火电锅炉也使用的是循环流化床，这种反应器的应用基础很好，技术也相对很成熟，因此成为众多生物质气化发电项目的选择。

气流床又被称为携带床，由气流携带生物质颗粒通过喷枪喷入炉膛，并在高温下迅速与气化介质发生反应，气化生成合成气和灰渣，再通过分离器将灰渣分出，合成气继续送入气体净化装置。气流床反应迅速，反应条件也较为苛刻，一般要求 1400℃、2~7 MPa。采用气流床的工艺过程中往往会采用分级气化的方式，生物质颗粒在发生裂解之后首先分离出合成气，在这之后剩下的焦炭再与气化介质发生气化，最终将分离出的合成气再送入炉中进行重整，从而保证在快速条件下，生物质气化的进一步完全进行。由于极为苛刻的裂解条件和分级气化的工艺流程，在气流床中生物质气化产生的合成气几乎不含任何焦油，品质较高，同时气化效率也很高，因而被广泛应用于生物质气化发电技术的研究和应用之中。但是气流床设备昂贵，且极高的生物质颗粒粒径要求和苛刻的反应条件使得运行成本也较高，在实际产业化运行中仍需解决许多问题。

除了上述的几种反应器之外，还存在一些其他类型的反应器，如横吸式固定床，横吸式固定床的气化介质的运行方向和物料的流动方向交叉。这些反应器或因为结构复杂，或因为运行困难，导致较难应用于实际的工程之中，有着比较大的局限性。

表 4-1 中总结了各类气化反应器的参数，其中，固定床反应器的结构相对简单，无论是建设成本还是运行成本都比较低，因此得到许多技术人员的青睐，被广泛运用于各种生物质气化发电项目中。而流化床反应器的技术也较为成熟、成本中等，同样也被用于一些规模相对较大的发电项目之中，而气流床反应器的建设成本和运营成本较高，而且我国目前的相关技术也不够成熟，需要进一步的发展和研究。表 4-2 具体总结了国内外部分项目所用的气化反应器状况。

表 4-1 各类气化反应器的参数

参 数	上吸式固定床	下吸式固定床	鼓泡流化床	循环流化床	气流床
反应温度/℃	1300（浆式进料） 1500~1800（干式进料）	800~900	800~1000	900~1200	700~1500
入料粒度/mm	2~50	10~300	<5	<10	<0.1
首选入料类型	能胜任高水分生物质	低水分生物质	任何生物质	任何生物质	任何生物质
停留时间/s	900~1800	900~1800	10~100	10~50	1~5
最大原料水分（%）	60	20	<55	<55	<15
需氧量/(m^3/kg)	0.64	0.64	0.37	0.37	0.37
产品气 LHV/(MJ/m^3)	5~6	4~5	3~8	2~10	4~10
焦油/(g/m^3)	50~200	0.02~0.30	3~40	4~20	<0.10
能量输出/MW	<20	<10	10~100	10~100	>100
碳转换率（%）	≈100	93~96	70~100	80~90	90~100

表 4-2　国内外部分项目所用气化反应器统计

国　家	气化器类型	原料类型	处　理　量	组织/项目
丹麦	上吸式固定床	有害垃圾、废皮革	2~15 MW	DTI
	下吸式固定床	木废料	0.5 MW	Hollesen Engg.
	鼓泡流化床	生物质	5.5 MW	Carbona
瑞典	增压循环流化床	木屑、树皮	6 MW	Värnamo
中国	下吸式固定床	锯屑	200 kW	Huairou Wood Equipment
	循环流化床	木屑	1 MW	GIEC
	循环流化床	生物质	18 MW	GIEC

4.4.2　生物质气化发电燃气净化

生物质的成分相对复杂，因此在气化过程中难以得到洁净的合成气，合成气中会含有较多的杂质，这些杂质会造成设备的磨损、堵塞等损伤，缩减设备的使用寿命，影响设备的使用安全，提高运行成本。因此，生物质气化燃气的净化是生物质气化发电工艺中必须加以重视的关键步骤。而生物质气化燃气中的杂质成分复杂，由固体颗粒、焦油、碱金属盐和具有腐蚀性的气态物质共同组成。尤其是固体颗粒和焦油的含量较多，对设备的威胁较大，因此引起了技术人员的重点关注。

固体颗粒包括气化产生的飞灰、未能气化的焦炭等物质，它们对于设备的最大威胁是在采用内燃机或者燃气轮机的系统中会对后续设备产生磨损，同时也有可能在管道中发生堆积，从而损伤设备。固体颗粒是生物质气化中的主要杂质之一，也是燃气净化系统的重要处理对象之一。针对生物质气化燃气的除尘，现阶段多采用旋风分离和陶瓷过滤的方式。早在 20 世纪 90 年代中期，A. Hallgren 等采用了先利用旋风分离器对生物质气化燃气进行初步除尘，再利用两级过滤的方式实现了 96%~98%的除尘率。而对于较大型设备的运行，在 20 世纪末，英国的 ARBRE BRGCC 建立的生物质电厂首先采用冷却器对燃气进行换热，随后通过布袋除尘器对燃气中的固体颗粒进行去除，也得到了较好的除尘效果。布袋除尘器也是一种干法过滤除尘的方法，被燃气裹挟的固态颗粒在进入布袋后，由于滤料纤维及织物的惯性、扩散、阻隔、钩挂、静电等作用，粉尘会被阻留在滤袋内，净化后的燃气逸出袋外，经排气管排出。除了上述干法除尘的方法，通过湿式电除尘的方式也受到了技术人员的关注。P. Hasler 对几种常用的去除焦油和粉尘的机械法的效率进行了归纳，其中，湿式电除尘器对粉尘的去除效率高达99%以上。在湿式电除尘器中，固体颗粒可以被悬浮于除尘器中的荷电雾滴捕集，而在除尘器中的雾滴会通过静电作用附带电荷，而这些带电雾滴又可以使得固体颗粒的表面带上感应电荷，从而通过静电力提高捕集效率。同时水洗也可以除去部分焦油，因此采用湿式电除尘的方法一举两得，可以在除尘的同时去除焦油。但是湿式电除尘器的原理比较复杂，设备也比较昂贵，目前我国针对这方面的研究还不算多。

焦油是指由生物质热解产生的、未能发生氧化或者重整为合成气的、常温下为液态的有机物的总称，它的去除也是生物质气化燃气净化技术的主要关注对象。焦油的成分复杂，它含有大量的芳烃等难以燃烧的物质，而且由于沸点较高，容易在管道和后续设备中发生堆积和堵塞，影响设备的传热过程，造成设备运行的不安全。此外，焦油由分子量较大的有机物组成，因此也具有一定的气化潜力和能源潜质。在焦油问题的处理中，应优先考虑通过重新设计反应器和调节运行工况，以从源头上减少焦油的产生和燃气中焦油的含量。但是基于运行成本和现今技术的考虑，实际产生的生物质气化燃气中总会含有一定的焦油。针对燃气中的焦油，技术人员可以通过物理和热化学的方法将其进一步去除。物理法除焦与除尘类似，是一种将焦油与燃气分离的方法，具体又分为湿法和干法两种方法。湿法除焦主要的方式是通过水洗的方式将焦油留在液滴之中，根据分散液滴方式的不同，又有文丘里法、旋风分离法和电除尘法等几种方式。而干法主要是在热转化后采用多级过滤的方式使得焦油附着在滤网之上。热化学方法则是通过对焦油进行进一步的热解分裂成合成气，从而减少燃气中的焦油含量，这种方法又分为热裂解法和催化裂解法。热裂解法通过对焦油进一步加热促进其裂解，然而热裂解法要求的温度极高，对设备的要求及运行成本普遍偏高，一般很少用于实际的生产运行中。催化裂解法通过加入白云石、镍基催化剂、碱金属催化剂等几种催化剂的方式，可以在较低温度上促进焦油的进一步裂解，是较热裂解法更为普遍的焦油去除方法。热化学法相对于既能除尘又能除焦的物理方法，在运行上需要多加一个工艺过程，并且需要提供热源，但能够将焦油进一步转化为合成气，提高了生物质的利用率，且不必处理与燃气分离的有毒有害焦油，更为环保。

碱金属盐指的是生物质中本身含有的一些 Na、K 等盐类在高温下发生转化后形成的盐类物质，一般会分散在固体颗粒之中。碱金属盐在高温下可能积附于设备的表面，并具有一定的电化学活性，会造成金属设备的高温腐蚀，从而影响设备的使用寿命和安全。碱金属可以通过冷凝、吸附和过滤等方法去除。

具有腐蚀性的气态物质是指生物质中含有的 N、Cl、S 等元素在热解气化的过程中可能会形成的 HCN、HCl 和 H_2S 等具有腐蚀性的气体。这些气体一方面可能会直接腐蚀设备，造成设备的损伤，另一方面在燃气在后续的燃烧过程中会生成 NO_x、SO_2等污染物，造成环境的污染。一般通过水洗或者其他化学方法可以有效去除这些物质。

生物质气化燃气净化是生物质气化发电技术的重要工艺阶段，通过这一过程，保护了后续设备的运行安全，减少了运行成本，为生物质气化发电系统的正常运行奠定了基础。

4.4.3　生物质气化发电系统

生物质气化发电系统主要由生物质气化系统和发电系统两大部分组成，涉及的设备众多，结构也比较复杂，整个工程的建设需要考虑从原料收集到最终将能源输送给用户的种种过程因素。生物质气化发电技术在不同规模的应用设备上、工艺细节上多有不同，呈现出不同的工艺特点。瑞典、芬兰、美国等国家对生物质气化发电技术的研究起步较早。比较成熟的气化发电系统有 TPS、Bioflow、VTT、Enviropower、Battelle 和 IGTRENUGAS。其中，最为典型的是瑞典的 TPS 生物质 IGCC（整体气化联合循环）发电系统和美国的 Battelle 生物质 IGCC 发电系统。

1. TPS 的生物质 IGCC 发电系统

TPS 的 IGCC 发电系统是建立在低压气化基础上，由生物质预处理器、干燥器、循环流化床气化炉、循环流化床焦油裂解炉、布袋除尘器、除尘喷淋塔、燃气轮机、余热锅炉、蒸汽轮机和发电机组等装置组成。其工作流程包括工作压力接近常压的气化和进入燃气机前的一系列的调节步骤。这些步骤包括焦油裂解为不可压缩的气体、冷却、布袋除尘、喷淋塔除尘、压缩和再热。最大的工艺特点是在气化炉之后专门设置了一个焦油裂解炉。具体过程如图 4-6 所示。

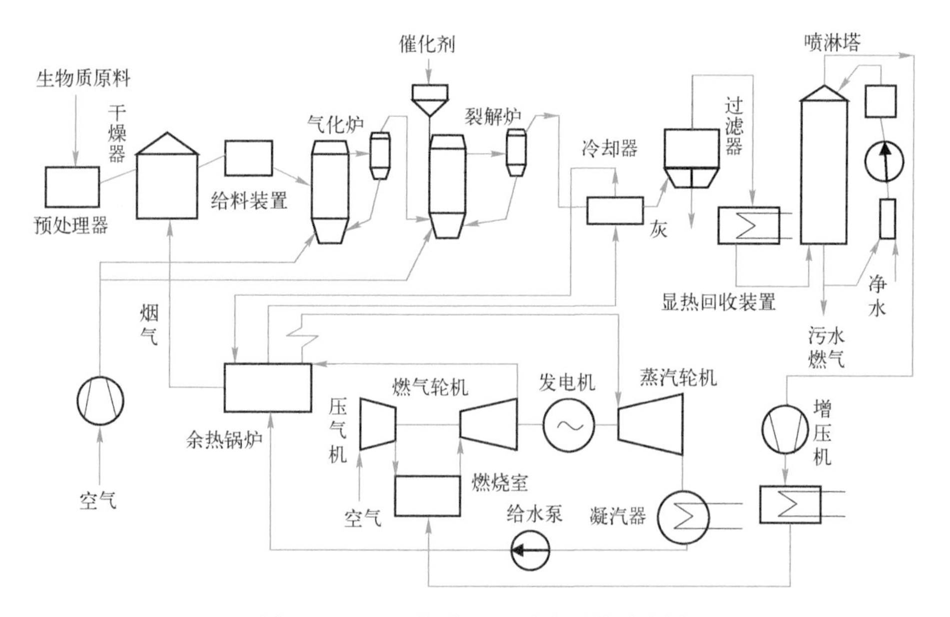

图 4-6 TPS 生物质 IGCC 发电系统示意图

在 TPS 系统中，生物质首先经过粉碎等预处理之后进入干燥器，通过反应烟气的预热进行干燥，干燥之后的生物质通过闭锁漏斗装置输送到 TPS 的低压循环流化床气化器中发生气化，得到的燃气和焦油进入第二个循环流化床反应器并进一步发生裂解，可以在焦油裂解炉中放入催化剂对焦油进行催化裂解，从气化器出来的产品气和一些空气进入焦油催化裂解器的底部，然后和床料（石灰石）接触，出来的产品气在冷却器中被冷却，同时冷却器产生高压的饱和蒸汽。产品气离开冷却器进入高效的布袋除尘器，然后进入喷淋塔，气体中的焦油、碱金属和氨都会被除去，得到更为纯净的燃气经冷却净化后进入燃气轮机发电。余热经余热锅炉收集之后产生蒸汽，进一步推动蒸汽轮机发电，实现对能量利用效率的进一步提高。TPS 生物质 IGCC 发电系统对于焦油有着良好的裂解去除效果，在保证了设备运行安全、降低了设备运行成本的同时也提高了原料的总能量利用效率，被之后的系统和工程广泛地借鉴和参考。

2. Battelle 生物质 IGCC 发电系统

美国的 Battelle 生物质 IGCC 发电系统工程被认为是生物质能利用的典范，其最具特色的工艺特点在于生物质气化器的设计。Battelle 系统选用木质和草本植物作为原料，经预处理和干燥后首先被送入气化器进行热解气化。气化器由两个单独的循环流化床组成，分别称为气化炉和燃烧炉。具体过程如图 4-7 所示。

生物质原料首先经过预处理过程（粉碎、成型）后进入干燥器，使原料中的水分满足气化器的要求后进入气化炉，将水蒸气气化。在气化过程中，气化反应炉以砂粒作为传热介质，将热量带入反应炉中，并实现对生物质的快速传热，使得焦油物质不易形成。生物质气化燃气裹挟未反应的焦炭和砂粒进入旋风分离器中，燃气进入燃气净化系统进一步净化，焦炭砂粒等固体物质落入燃烧炉中，在燃烧炉中焦炭与空气混合发生燃烧，产生热量和 CO_2，砂粒被加热后被空气裹挟进入另一个旋风分离器中。而经旋风分离器分离之后的砂粒落入气

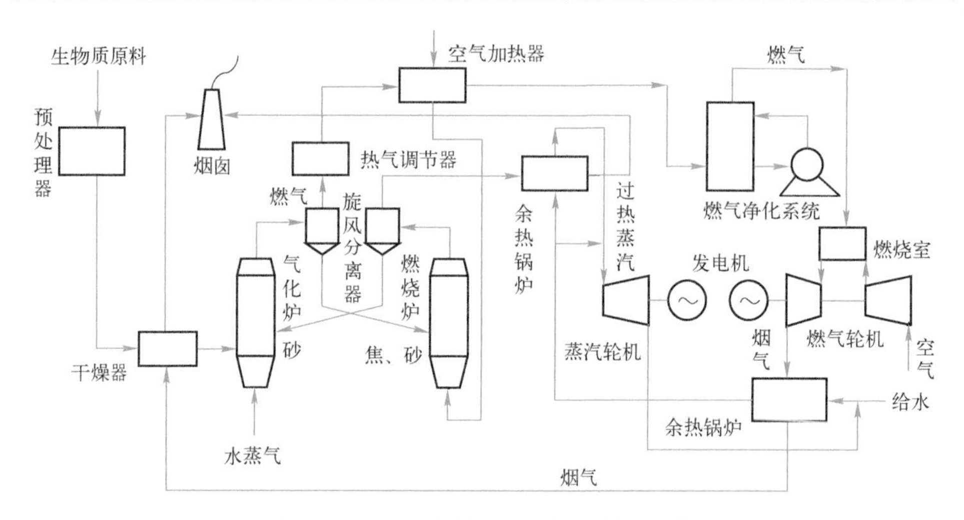

图 4-7 Battle 生物质 IGCC 发电系统示意图

化炉之中充当传热介质，而烟气中的热量则被余热锅炉收集。被净化后的燃气则送入燃气轮机发电，燃烧的烟气则给余热锅炉和干燥器供热。余热锅炉产生的过热蒸汽则进入蒸汽轮机中进一步发电。这个系统中采用水蒸气气化的方式，使得产生的燃气的质量较高，能量的利用效率也较高。同时对产生的焦炭进行了充分的燃烧，也进一步提高了能量的利用效率。

通常来说，发电系统功率在 2~160 kW 的项目被称为小型气化发电系统。早期的生物质气化发电工程多是小型气化发电系统，一些技术示范项目和工程也是小型生物质气化发电系统。小型生物质气化发电系统适用于偏远地区或者农村集落的局部供电，要求建设成本和运行成本均不宜过高，不适合采用复杂昂贵的设备和系统。小型气化发电系统的结构简单，一般由气化炉、冷却器、过滤器和发电系统四个部分组成。基于小型生物质气化发电系统的要求，这种系统一般会采用下吸式固定床作为气化炉炉型。下吸式固定床的结构相对简单，运行成本较低，同时由于热解产生的焦油直接进入氧化区发生燃烧氧化，因此产气中的焦油含量比较低，不需要复杂的焦油净化和处理设备，对环境的污染也较小。一般从气化炉中产生的燃气，会经冷却器换热后通过过滤法进行净化。过滤法的原理和结构也较简单，只需定期更换清洗滤芯即可，符合小型发电系统的要求。在发电系统中一般采用内燃机发电，内燃机的设计成熟，能量转化效率也比较高，且不需要燃气加压等过程，设备紧凑且运行方便。

中型生物质气化发电系统的功率一般在500 kW ~ 5 MW，其气化容量较大，一般采用循环流化床作为气化炉。循环流化床的气化效率相对于固定床更高，有着较为完善的燃气冷却和净化系统，发电设备也多为内燃机组，但也有锅炉蒸汽轮机组发电。中型发电系统生产灵活，较易实现生物质气化发电耦合资源化利用，现今国内大量的生物质气化发电示范工程均属于中型生物质气化发电系统，部分已经实现了产业化运行。国内的生物质气化循环流化床最早由中国科学院广州能源研究所开发，并将其投入发电系统应用之中。

大型生物质气化发电系统的发电功率在5 MW以上，目前主要有两种技术路线，即整体气化联合循环（IGCC）和热空气气轮机循环（Hot Air Turbine Cycle，HATC）。IGCC发电系统的功率在5 MW以上，系统由物料预处理设备、气化设备、净化设备、换热设备和发电机组组成。气化炉一般选用循环流化床或者加压流化床，净化方式采用陶瓷滤芯的过滤器、焦油裂解炉和焦油水洗塔的联用，发电方式采用燃气轮机或者锅炉蒸汽轮机的方式。IGCC处理的生物质量大，运行方式比较接近传统的热电厂，可以实现高自动化的运行，且系统效率比较高，适合于工业化的生产。HATC系统的功率相对较低，主要由原料系统、空气流化床或移动床气化炉、净化设备、燃烧器、热交换器及燃气轮机发电系统组成。其特点在于燃气燃烧的位置在燃烧器中，燃烧器将空气加热后送入燃气轮机，驱动燃气轮机运转，因此又被称为间接燃烧系统。由于燃气不直接送入燃气轮机，而是在燃烧器中燃烧，因此焦油可以充分地燃烧，因而对设备的影响较低，可以简化燃气净化系统。

4.4.4 信息技术在生物质气化发电系统中的应用

生物质气化发电系统，尤其是小型系统的运行成本一直是该技术进一步发展的障碍和困难，而在日常运行成本中，燃料成本又占60%～70%。通过最新信息技术的引入可以有效地提高生物质燃料的收集管理效率，降低生物质气化发电厂的运行成本，提高发电厂的管理水平。信息技术在生物质气化发电系统的应用主要体现在以下 4 个方面：地理信息系统、远程智能监控、无线测温和自动消防灭火系统、便携式智能终端。

植物的生长受地理、季节因素的影响，这也使得生物质原料在地域和时间上分布不均匀，因此掌握地理环境因素对于生物质气化发电工程的建设和管理至关重要。通过地理信息系统的引入和导航电子地图的应用，策划者和管理者可以以极小的成本对地理信息进行调研，掌握农林作物的分布情况。一方面，在选址上靠近生物质资源密集的地区，可以减少原料的运输成本；另一方面，通过对实时地理气候信息的调研和掌握，可以提前做好对原料成本上升等不利因素的预案，有效减少由于气候变化、地理等因素造成的运营困难。

近年来，很多区域内的生物质发电厂已经初具规模，正在逐渐形成以生物质发电为主的产业集群。在产业集群中，各发电厂在地理上可能相隔较远，但是在原料的交易和共享等方面又交流紧密。远程智能监控具备实时运行数据显示、数据分析、智能预警和远程故障诊断等功能，通过远程智能监控系统可以将各发电厂和燃料加工厂纳入监控管理，使燃料在合同、进场、卸车、化验、结算、报表、加工与配送等各个过程中都实现数据化、智能化，规范和优化燃料管理流程，平衡各个燃料厂的生物质收储量，实现生物质的统一、合理调度。

生物质气化发电厂为保证发电功率的稳定，需要储存大量的生物质原料，这些原料在经过加工后大多需要保持干燥且为粉末状，易燃的生物质原料无疑是发电厂安全运行的一大隐患。通过无线测温系统和自动消防灭火系统可以有效排除安全隐患，为生物质气化发电厂提供安全的生产环境。

4.4.5　计算机模拟在生物质气化发电发展中的作用

现今计算机模拟技术被广泛引入了科学研究之中，为研究人员提供了成本更低、效率更高的研究方式。近年来针对生物质气化发电工艺的研究，多是由计算机模拟为基础，再辅以相关实验来验证，研究者们的研究成果为生物质气化发电技术提供了新的思路和方法。

高杨等模拟了利用鼓泡流化床作为气化设备，水蒸气辅助气化，得到的生物质气化合成气经净化后送入熔盐燃料电池的两级参与电化学反应，从燃料电池排出的燃气在驱动透平发电的同时，进入蒸汽系统加热，实现蒸汽轮机和燃料电池联合循环发电的工艺过程，其中，系统的余热还能用于加热气化介质和预热空气。结果表明，在常压下该工艺过程的发电效率高达 49. 27%，而在增压之后则高达 54. 67%。Ali Ozgoli Hassan 等模拟了生物质气化后通过燃料电池和燃气轮机混合发电的情况。他们分别选用了甘蔗渣、稻秸秆、木屑和木废料作为原料，以循环流化床作为气化反应器，并探究了气化原料、冷气和气化介质三个因素对气化发电能量效率的影响，结果表明，采用碎木屑作气化原料、空气-水蒸气作气化剂时，全循环能量效率最高可达 87. 75%。Pedrazzi Simone 等也模拟了生物质通过燃料电池和燃气轮机混合发电的过程。他们选用了含水量为 10%的木屑作为原料，以下吸式固定床作为气化反应器，同时着重研究了气化介质、进入燃料电池前 CO_2的有无对气化过程和发电效率的影响。最终得到了最高发电效率为 32. 81%的结果。A. Perna 等则模拟了木屑和木块作为原料时生物质气化热电联供的情况。他们以下吸式固定床作为气化反应器，采取空气气化的方式，对比了燃料电池和燃气轮机两种发电形式的情况。结果表明，采用燃料电池的发电效率较高，可以达到 25. 3%，而燃气轮机的发电效率则只有 17. 3%。赵展等模拟了几种不同的生物质通过气化利用燃料电池发电的情况。他们分别选用了木粉、锯屑、棉花秸秆和城市生活垃圾作为原料。在工艺设计中，在将生物质气化燃气初步净化和降温后送入燃料电池之前，将其与过热蒸汽混合。而未能反应的燃气则继续在燃烧器中发生燃烧，产生的热量驱动蒸汽发生器产生蒸汽。结果表明，发电效率最高的是棉花秸秆，高达28.6%，而城市垃圾的发电效率最低，仅为22%。刘爱虢等设计模拟了燃料电池和燃气轮机的二级发电工艺。他们以木屑作为原料，在鼓泡流化床中对木屑进行气化，得到的燃气经净化后首先送入燃料电池发电，剩余的燃气在燃烧室中燃烧并加热空气驱动燃气轮机运转发电，模拟结果表明发电效率最高可达47%。陈昊则模拟了生物质气电联用的工艺过程。在他设计的工艺中，生物质首先在热载体循环流化床中发生气化反应，产生高质量的合成气。在这之后合成气的热量被回收用于驱动蒸汽发生器产生蒸汽，并使其驱动蒸汽轮机透平发电。而合成气首先进行费托合成，剩余尾气进一步燃烧并驱动燃气轮机运转发电。经模拟，这套工艺系统的能量利用效率最高可达72.1%。

除了上述的这些模拟研究，实验也是研究生物质气化发电工艺过程的有效手段。如Uisung Lee等通过实验测试了松树、红橡树、马粪和硬纸板在下吸式固定床中发生气化后再通过内燃机发电的效率。实验表明，松树、红橡树和马粪的系统总效率较高，均在20%以上，而硬纸板的系统总效率则相对较低，仅为15.8%。姚振鹏将模拟和实验相结合，研究了木片在特殊气化发电工艺下的效率。他利用两端式气化炉，采用空气气化的方式对木片进行了气化，得到的合成气首先和蒸汽混合，再通入燃料电池之中发电。剩余的气体进一步送入燃烧器中进行燃烧，其产生的CO_2送入燃料电池的阴极，而产生的热量继续加热空气，并利用压缩机将空气送入微型燃气轮机做功，利用余热进行发电。研究结果表明，燃料电池的发电效率可以高达40.24%，而燃气轮机的发电效率则仅为5.16%。

这些实验室阶段的研究工作证明生物质气化发电工艺仍有巨大的改进空间，生物质气化发电技术仍有巨大的进步空间，有待研究人员进一步挖掘其潜力。

4.5　生物质气化多联产技术

生物质气化会产生大量的废热、废渣和尾气，因此在提高其发电效率的同时，其副产物的资源化利用也成为学者们所关注的重点。通过热电联用技术、多联产技术、灰渣回收利用技术等方式，生物质气化已成功耦合资源化利用，实现了生物质能源利用全流程的高效性、清洁性和可持续性。

4.5.1　生物质气化热电联用技术

早期的生物质气化发电项目大多以发电为主，而随着技术的进步和工艺流程的优化，采用热电联用的方式不仅可以实现对能源的更为高效的利用，也相应地为生物质气化发电系统提供了新的盈利方式，间接地降低了运行成本。

生物质气化热电联用系统需要在生物质气化发电系统的基础上添加余热收集系统。如果采用蒸汽轮机发电系统，则余热可由蒸汽携带，并通过管道送向有需求的客户，其余热收集系统可以类比传统火电厂；而采用内燃机或燃气轮机的发电系统则可以结合余热锅炉和蒸汽轮机，利用余热进行二级发电，并将蒸汽作为热量的携带者，通过管道送向客户。因此生物质气化热电联用系统具有技术基础和较好的灵活性。

国外，尤其是北欧国家的生物质气化热电联用技术的发展较早，基础较好，技术也较为成熟。芬兰在生物质气化热电联产方面居于世界领先水平，早在 20 世纪 90 年代，芬兰就已经开始建设生物质热电联产项目。芬兰的原 Kymijarvi 电厂在 2012 年被改造成以燃气轮机作为发电方式的生物质气化热电联产厂，该厂主要以供热实现盈利。

瑞典的生物质气化热电联用技术也较为先进，位于 Värnamo 的生物质气化热电联产厂是世界上最早的以生物质为原料的整体气化联合循环发电厂。发电厂以木屑和树皮为原料，以增压循环流化床为气化炉，生物质气化燃气经净化后通过燃气轮机发电，燃气透平排气后进入余热锅炉进一步燃烧，连同烟气冷却器一同产生蒸汽，蒸汽继续进入蒸汽轮机进行二级发电，从蒸汽轮机中排出的蒸汽还可以作为热载体进行供热。该厂的发电功率可达 6 MW，供热功率达 9 MW。

除了北欧国家之外，日本也较为重视生物质气化热电联产技术。日本川崎重工业向 Sekisui House 浅井工厂提供的小型木质生物质气化热电联产系统在以 175 kW 的功率发电的同时，可以为工厂提供干燥用热风和办公室暖气用热水。这套系统可以将工厂加工木质建筑原料时产生的废料作为气化原料，而产生的电力相当于工厂用电的三成，有效节约了工厂的运行成本。

除了上述工业规模的热电联产项目外，社区小型热电联产系统也具有丰富的应用前景。加拿大 Nexterra Systems 公司在社区规模的废物气化热电联产项目的建设上经验丰富并具有良好的技术积累，目前为止，他们已在北美和欧洲建设了多个项目。

我国虽然自 20 世纪 60 年代起就对生物质气化技术有所研究，但是在热电联产方面的建设和研究起步较晚。且经过几十年的不断研究和实践，我国在热电联产系统方面也取得了长足的进步，尤其是近年来发展迅速。21 世纪初，中国科学院广州能源研究所在广东省佛山市三水区建设了 2 MW 生物质气化发电与热电联供系统示范工程，生物质原料于混流式固定床气化炉内产生燃气，燃气经净化系统除尘、除焦和冷却后，再经储气柜及燃气管道输送至发电机组发电。除发电厂的自用电外，多余的电力可以上网或直接供给附近的企业。这一系统的发电效率高达 25.5%，系统余热回收效率高达 26.8%。

4.5.2 生物质气化发电多联产技术

生物质气化合成气不仅可以作为发电燃料，也是重要的生产生活资源。农村地区和一些小型社区的用电需求不高，通过铺设管道进行集中供热成本又比较高昂。例如在我国南方区域的温暖区域内，其对于供热需求并不高，因此热电联产技术往往无法满足客户的需求。目前，采用气电联产或者气化发电耦合多联产成为包括我国在内的多个国家技术人员的重点研究对象。

生物质气电联产指的是只将生物质气化产生的合成气的一部分作为燃气进行燃烧发电，剩余部分直接供给用户，对生物质气化合成气进行资源化利用。意大利佛罗伦萨的 Greve 气化站便是采用这种方法进行生产的，气化站中只有一个气化炉的 2/3 的产气进行燃烧发电，而剩余的产气直接供给临近的水泥厂，成功实现了生物质气化发电和资源化利用的耦合。

4.5.3　生物质气化灰渣的资源化利用

生物质气化灰渣是生物质气化之后的主要副产品，近年来由于生物质气化发电技术的发展速度很快，每年的生物质气化灰渣的排放量也逐渐增大。一方面，生物质气化灰渣中含有大量的碱金属和碱土金属，总体上呈碱性，直接大量排放会造成环境污染等问题；另一方面，生物质气化灰渣中含有较多的 K、P 等元素，且具有特殊的表面结构和较大的比表面积，实际上可以作为资源加以利用，直接排放是一种资源浪费。生物质气化灰渣的利用由来已久，据报道，早在 20 世纪 70 年代便有文献研究稻壳灰的陶瓷化应用。现如今生物质气化灰渣的用途众多，在化工行业、陶瓷行业、建材行业、环境治理和农业生产等方面均表现出了资源化潜力。

生物质气化灰渣的成分复杂，不同生物质通过气化后所形成灰渣的理化性质不尽相同，表 4-3 中是几种常见的生物质气化灰渣中元素氧化物的化学组成。由表 4-3 可知，生物质气化灰渣中的 SiO_2 含量比较高，而 SiO_2 是一种优秀的高强和超高强混凝土的掺和剂，可以制造出陶瓷、白炭黑、水玻璃、制膜面料等硅酸盐产品，因而被广泛运用于陶瓷制备、铸锅行业等日用品的生产之中，且生物质气化灰渣被加入到陶瓷制品的原料之中后，所得到产品的机械强度更高。而将生物质气化灰渣作为混凝土、耐火砖、保温砖等材料的添加剂可以生产出隔热性能优秀、强度较高的建筑材料，是硅土等含硅建材原料的优秀替代物。现如今部分生物质气化发电项目已与水泥厂等工厂合作，不仅可以提供电能和热能以及合成气，还能利用生物质气化灰渣向水泥厂提供生产原料，在减少了工厂的环境污染的同时，也提高了生物质的利用效率。

表 4–3　几种常见生物质气化灰渣

生物质类型 含量（%） 化合物	玉米秸秆	稻秸秆	稻　草	麦秸秆	木　屑
SiO_2	18.60	91.31	74.67	55.32	2.35
CaO	13.50	3.21	3.01	6.14	41.20
K_2O	26.40	3.45	12.30	25.60	15.00
Na_2O	13.30	0.17	0.96	1.71	0.94
TiO_2	—	—	0.09	0.08	0.05
Fe_2O_3	1.50	—	0.85	0.73	0.73
MgO	2.90	—	1.75	1.06	2.47
SO_3	8.80	0.67	1.24	4.40	1.83
Al_2O_3	—	0.75	1.04	1.88	1.41
P_2O_5	—	0.12	1.41	1.26	7.40

除此之外，生物质气化灰渣中碳含量比例也不低，加之生物质气化灰渣有着优秀的比表面积和特殊的表面结构，具有很强的吸附能力，在环境保护方面可以作为吸附剂应用于废水废气处理和脱色工艺之中。有研究表明，生物质气化灰渣对于铅、汞等重金属离子有着很强的吸附作用，可以用作污水处理等环保工艺的吸附剂。而生物质气化灰渣的表面结构是生物质气化灰渣可以进行资源化利用的关键，以稻壳灰为例，在不同温度下产生的稻壳灰的比表面积和表面结构有较大的不同。稻壳灰在 600℃ 以下呈黑色，800℃ 时呈灰白色，而在 1200℃ 以上时呈现白中带黄的颜色。这说明稻壳灰在不同温度下的表面结构发生了变化。在 500~800℃ 时稻壳灰的比表面积最大，往往具有较为优秀的理化

活性。而在 900℃以上时比表面积下降，而且表面结构呈现开放形态，理化活性大幅下降。因此，在对生物质气化灰渣进行资源化利用之前，应对相应的灰渣进行表征。而如若发电系统本身就考虑到了气化灰渣的资源化利用，应该严格控制反应工况，将气化灰渣的资源化利用纳入整个发电系统的设计需要考虑的问题之中。

另外，生物质气化灰渣来自于植物等生物质，因此其中含有较多的 K、P 等植物必需的元素，这些元素对于改良土壤和农作物增产有很大的促进作用，因此生物质气化灰渣还可以作为多元素复合肥的原材料。通过将生物质气化灰渣复配为复合肥，一方面可以避免生物质气化灰渣直接排放对环境带来的影响，另一方面也可以将这些元素重新回归土壤，促进生物的成长，完善生物质气化发电系统在生态循环中的作用，使得生物质气化发电系统更具环境亲和性，且此类农作物复合肥活性强、适用于各类土壤。

生物质气化灰渣应用面广、应用手段多样，现如今众多项目已经将生物质气化灰渣的资源化利用纳入规划考虑之中，通过对生物质气化灰渣的资源化利用，可以使生物质气化发电技术的总体能源、资源利用效率进一步得到提高。同时也间接降低了生物质气化发电项目的运行成本，促进了生物质气化发电技术的进一步发展和进步。

4.6　典型工程

1）中国林业科学研究院林产化学工业研究所在菲律宾建立了一套 3000 kW 的发电系统，此系统由三个设计能力为 1000 kW 的锥形流化床生物质气化发电系统并联组成，以稻壳作为生物质原料，由料仓底部的螺旋送料器送入流化床中进行气化反应，得到的燃气送入旋风分离器进行对大颗粒的分离，分离后的大颗粒落入灰仓中。燃气被送入喷淋塔进行进一步的除尘、除焦，在这之后再通过湿式电除尘器进行进一步的除尘、除焦，净化后的燃气最终送入内燃机组中发电。最终得到的发电效率达到了25%，而能量利用总效率则达到了15%。

2）2014年，安徽淮北市首家生物质气化发电项目落户百善食品工业园，该项目的气化发电机组每小时能发电1200kW·h、产气2400m³、产碳0.5t，产生的碳可以做成碳素肥。白天可以供一万户居民做饭、取暖等日常用气，晚上则可以用气发电。百善生物质气化发电项目每年可以用掉2万t秸秆，为百善及周边乡镇的秸秆燃烧、综合利用发挥了积极作用，同时增加了农民的收入。

3）2014年，河北承德华净活性炭有限公司建立了一套"杏壳气化发电，活性炭、肥、热多联产"的项目。该项目以杏壳作为原料，在气化发电的同时，也将部分燃气直接送出利用，并且利用余热进行供热，攻克了原有的活性炭生产需要消耗能源的难题，利用气化炉和发电机余热产生的热水用来供应平泉县的饭店及洗浴中心，解决了当地的小锅炉燃煤问题，实现了清洁能源供给。更具特色的是，该项目利用生物质气化过后剩余的碳制作活性炭和肥料，进一步实现了"变废为宝"，解决了活性炭生产的能源问题。

4）2015年，云南亚象能源科技有限公司在云南西双版纳州建成了第一条生物质气化发电多联产项目生产线。这一系统以木材加工剩余物为原料，一条生产线每天可以消耗40t木材加工剩余物，发电功率20kW，所发的电可以满足木材加工厂的用电需求。发电余热被收集用于木材烘干，气化剩余的生物质炭也被用于活性炭的生产和高值化学品的提取，提取的木醋液可以作为活性有机叶面肥、有机复合肥、农药助剂或土壤微生物改良剂，提取的木焦油可以用于生产人工合成橡胶。该项目实现了热电联产、产品多样化和污染物零排放，使林业资源得到高效和循环利用。

第5章　生物质厌氧发酵产电耦合资源化利用

随着经济的高速发展和人口的急剧增加，能源短缺已经成为全球性的问题之一。在不影响食品供应链的前提下，人们对有效利用自然资源的兴趣越来越大，对可持续的化学品和燃料的需求也越来越大。在此形势下，生物质能作为一种环保、经济的可再生能源越来越受到各国政府和科学家的重视。许多国家都制定了相应的开发研究计划，如德国的《可再生能源促进法》、日本的“阳光计划”、印度的“绿色能源工程”、美国的“能源农场”和巴西的“酒精能源计划”等。丹麦、法国、加拿大、芬兰等国多年来也一直在进行各自的研究与开发，形成了各具特色的生物质能源研究与开发体系，拥有各自的技术优势。

5.1　生物质厌氧发酵技术

生物质能是一种洁净且可再生的能源，是唯一可以替代化石能源转化为气态、液态和固态燃料以及其他化工原料或者产品的碳资源，被视为取代石化资源的理想材料。但是生物质能不能简单地代替煤作为燃料，因而生物质能研究与开发已风靡全球，成为世界各国新兴的战略产业。通过传统的厌氧发酵技术将有机物在厌氧条件下被微生物分解转化产生清洁能源沼气（CH_4）的生物质厌氧发酵技术，近几年在我国农村地区得到了大力推广。

5.1.1 厌氧发酵技术概述

生物质能将成为未来可持续能源系统的重要组成部分，地球上由于光合作用生成的生物质有机物每年大约4000亿t，其中大约有5%在厌氧环境下被微生物分解掉。生物质传统焚烧的处理方式已经引发了大气污染、温室效应等环境问题。同时，生物质中所含的有机物并未实现高效利用，并没有做到真正的变废为宝。沼气是有机物在厌氧条件下经多种微生物发酵转化生成的一种可燃性混合气体，其主要成分是CH_4和CO_2，通常情况下CH_4约占60%，CO_2约占40%，此外还有少量的H_2、CO、H_2S和NH_3等。人们利用这一自然规律进行生物质厌氧发酵，既可以生产沼气用作燃料，又可以处理有机废物来保护环境，同时沼气发酵后产生的沼液、沼渣又是优质的有机肥料。

沼气技术是一种综合利用有机废物，保护生态环境，促进人类生产、生活可持续发展的重要方式之一。沼气燃烧后产生的CO_2，通过光合作用再生成植物有机体，转变为可以发酵的优质原料。因此，沼气作为一种清洁可再生能源，沼气技术的发展与能源产业的建立对人类解决能源和环境问题具有重要的意义。

5.1.2 生物质厌氧发酵预处理技术

在厌氧发酵过程中，部分生物质尤其是秸秆类生物质，由于其表面的蜡质层很难被破坏，故漂浮在沼液上方，使其不能被厌氧微生物所利用，而木质素中纤维素的结晶性结构以及复杂的立体结构使得微生物对它的降解能力变弱，进而使得水解效率变低，影响酸化阶段和产气情况，最终导致秸秆厌氧消化时间延长，且消化率低、产气量少，因而需要通过一定的预处理将木质素破坏，使纤维素和半纤维素在微生物作用下形成小分子化合物，便于厌氧消化的进行，从而加速反应。然而，纤维素和半纤维素是产生甲烷必不可少的成分，所以预处理阶段要将其转化成易被厌氧菌利用的可溶性物质，而降解后产物应尽可能保留。

目前秸秆类生物质的预处理方式主要有物理法、化学法和生物法三大类。

（1）物理法

物理法预处理包括机械加工、液态高温水热、蒸汽爆破、高能辐射等。

1）机械加工预处理是通过剪切、粉碎、研磨或高温球磨等工艺手段将原料处理成小粒径碎屑的预处理方法。机械加工先通过将原料剪切为10~30 mm的碎片，来破坏原料本身的木质纤维亚显微结构，再将其粉碎研磨为0.2~2 mm的碎屑，来增大厌氧微生物菌株和有机原料之间的接触面积，降低纤维素间的聚合度，进而促进厌氧微生物菌株对原料的降解，提高沼气的产量。

2）液态高温水热预处理是指将物料置于高温高压状态的热水中，高压使得水在高温下仍保持液态，热水进入木质纤维素内部破坏其细胞结构，水化纤维素、溶解半纤维素，并且微量地去除木质素。

3）蒸汽爆破预处理是在高温高压下，将蒸汽渗透到原料空隙中软化木质纤维素，然后通过迅速减压使高温液态水暴沸形成闪蒸，造成纤维素晶体和纤维素的破裂，从而将木质素与纤维素和半纤维素分离开。蒸汽爆破破坏了木质纤维素原料致密的结构，解除了木质素对纤维素和半纤维素的空间位阻效应；加上减压后形成的多孔结构使处理后的物料质地蓬松，增大了物料的比表面积和微生物与酶的可及性，从而提高了木质纤维素降解率和沼气产量。

4）高能辐射预处理是利用高能射线如微波、超声波、电子射线等辐射木质纤维素类原料，以破坏玉米秸秆细胞间的部分联结键，消除木质素对纤维素和半纤维素的壁垒作用，提高纤维素和半纤维素的反应活性，从而提高厌氧发酵对玉米秸秆原料的利用效率，增加沼气产量和甲烷含量。

物理预处理具有处理时间短的优点，但是物理预处理需要较高的能耗支撑，且对木质纤维素的内部结构破坏程度有限，因此其处理成本较高、经济效益较低，不利于工业化推广。

（2）化学法

化学预处理包括热化学预处理、酸化预处理、碱化预处理、氨化预处理等方法。

1）热化学预处理是将生物质快速地加热到一定温度，使其结构发生变化，从而改变木质纤维素紧密的束状结构，并去掉表面的蜡质结构。

2）酸化预处理包括使用硫酸、盐酸、硝酸、磷酸、乙酸和马来酸等处理木质纤维素类原料，其中稀硫酸的应用最为普遍。

3）碱化预处理是利用 NaOH、$Ca(OH)_2$、KOH 等碱性溶液浸泡木质纤维素原料，碱性溶液中的 OH^-可以破坏木质素与碳水化合物之间的酯键和醚键，从而破坏木质素结构使其与纤维素和半纤维素发生分离并发生部分分解。木质纤维素原料的联结键脱除后会产生大量的孔，可以降低其聚合度和结晶度，增大木质纤维素内部的比表面积，进而增大厌氧发酵微生物对纤维素和半纤维素的可及性，同时碱性溶液还可以与木质纤维素中的酸性物质结合，避免厌氧消化过程出现过度酸化。

4）氨化预处理是用氨水、尿素等对木质纤维素进行预处理。

化学预处理具有处理时间短、处理效率高、见效快的优点，但是化学预处理过程中会使用化学物质，这些残留的化学物质不仅会对后期的厌氧消化产生危害，还易造成二次污染，对环境产生危害。

（3）生物法

生物预处理是筛选出对木质纤维素具有专一降解能力的微生物，利用其分泌的多种酶之间的协同促进作用，破坏秸秆类生物质的细胞，使得木质纤维素大分子分解成小分子物质，以提高木质纤维素的降解率，缩短厌氧发酵时间，提高沼气的产量和甲烷的含量。如果预处理原料或使用的微生物的种类不同，木质纤维素的降解情况也会不同。生物预处理具有低能耗、低成本、条件温和、无污染等优点，但是生物预处理的反应周期较长，而且微生物为满足自身生长会消耗有机物、减少厌氧消化底物，使得产气量减少。

5.1.3　生物质厌氧发酵原理

厌氧发酵过程与厌氧消化过程十分相似，指在厌氧环境下，不同种类的微生物通过单独或者协同作用，将发酵底物中的有机质（碳水化合物、蛋白质、脂类和其他大分子化合物）经过一系列复杂的生化反应，生成 CH_4、CO_2和生物质等简单物质。这个过程主要包括水解、酸化、乙酸化和甲烷化四个阶段。四个阶段的原理如图 5-1 所示。

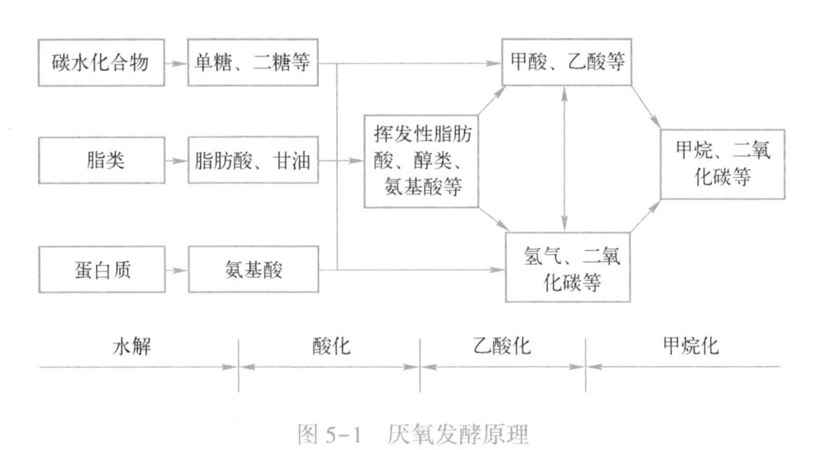

图 5-1　厌氧发酵原理

1. 水解阶段

厌氧发酵的原料一般是复杂的有机物质，它们不能被产甲烷细菌直接利用，而是通过其他类型的微生物的作用先将粪便、农作物秸秆、青草等有机质进行水解，微生物主要有兼性厌氧菌和专性厌氧菌两种菌类，它们可以将生物质中复杂的大分子化合物（如碳水化合物、蛋白质和脂类）转化为简单的溶解性单体、二聚体等简单物质（如氨基酸、糖类和脂肪酸）。

在厌氧发酵系统中，发酵细菌利用分泌的胞外酶，如纤维素酶、淀粉酶、蛋白酶和脂肪酶等，对大分子复杂有机物多糖、蛋白质和脂类进行体外酶水解，将其转化为溶于水的单糖、肽、氨基酸和脂肪酸等小分子化合物。该阶段又称为液化阶段。主要反应过程如下。

$$(C_6H_{10}O_5)_n+nH_2O \rightarrow nC_6H_{12}O_6 \tag{5-1}$$

$$H-[-CHNH_2CO-]_n-OH+(n-1)H_2O \rightarrow nCH_2NH_2COOH \tag{5-2}$$

$$C_3H_5(OCOR)_3+nH_2O \rightarrow C_3H_5(OH)_3+3RCOOH \tag{5-3}$$

2. 酸化阶段

酸化是指微生物利用溶解性有机物进行代谢，通过胞内代谢将其转化为以挥发性脂肪酸为主的末端产物，并分泌到细胞外的过程。酸化终产物的类型受厌氧发酵条件、底物类型和微生物种类等因素的影响，产物主要有乙酸、丙酸、丁酸等挥发性脂肪酸，以及醇类、酮类、一些无机的 CO_2、NH_3、H_2S 和少量 H_2 等。水解后的小分子化合物经糖酵解的 EMP 途径转化成丙酮酸后，通过不同种类的微生物和不同的环境条件，转化为不同的代谢产物，此阶段料液的 pH 值大幅下降，主要反应过程如下。

$$CH_3COCOO^-+2NADH+2H^+ \rightarrow CH_3CH_2COO^-+2NAD^++H_2O \tag{5-4}$$

$$CH_3COCOO^-+CH_3COO^-+NADH+H^+ \rightarrow CH_3(CH_2)_2COO^-+NAD^++HCO_3^- \tag{5-5}$$

$$CH_3COCOO^-+HCO_3^-+2NADH+2H^+ \rightarrow {}^-OOC(CH_2)_2COO^-+2NAD^++2H_2O \tag{5-6}$$

$$CH_3COCOO^-+NADH+H^++H_2O \rightarrow CH_3CH_2OH+NAD^++HCO_3^- \tag{5-7}$$

$$CH_3COCOO^-+NADH+H^+ \rightarrow CH_3CHOHCOO^-+NAD^+ \tag{5-8}$$

3. 乙酸化阶段

乙酸化阶段的主要微生物为专性产氢产乙酸菌，以酸化阶段的产物为底物，将其氧化生成 H_2、HCO_3^-、CH_3COOH（乙酸）。同时，同型产乙酸菌（耗氢产乙酸菌）将 H_2、HCO_3^-转化为 CH_3COOH，所以此阶段有机酸的分解会导致 pH 值上升。主要反应过程如下。

$$CH_3CHOHCOO^-+2H_2O \rightarrow CH_3COO^-+HCO_3^-+H^++2H_2 \tag{5-9}$$

$$CH_3CH_2OH+H_2O \rightarrow CH_3COO^-+H^++2H_2 \tag{5-10}$$

$$CH_3(CH_2)_2COO^-+2H_2O \rightarrow 2CH_3COO^-+H^++2H_2 \tag{5-11}$$

$$CH_3CH_2COO^-+3H_2O \rightarrow CH_3COO^-+HCO_3^-+H^++3H_2 \tag{5-12}$$

$$4CH_3OH+2CO_2 \rightarrow 3CH_3COOH+2H_2O \tag{5-13}$$

$$2HCO_3^-+4H_2+H^+ \rightarrow CH_3COO^-+4H_2O \tag{5-14}$$

4. 甲烷化阶段

甲烷化阶段主要的微生物为专性厌氧产甲烷菌，它将以上阶段产生的乙酸、H_2、CO_2、一碳化合物（甲酸、甲醇、甲胺）等小分子化合物转化为甲烷（CH_4），同时伴有 CO_2 的生成。甲烷的形成主要来自 H_2还原 CO_2和乙酸的分解，根据对主要中间产物转化为甲烷的研究，在厌氧发酵产生的甲烷中，约有 2/3 来自乙酸分解，其余来自 H_2 还原 CO_2、一碳化合物的分解等过程。除了转化为细胞物质的电子外，有机物的能量几乎全部以 CH_4的形式回收了。主要反应过程如下。

$$CH_3COOH \rightarrow CH_4+CO_2 \tag{5-15}$$

$$CO_2+4H_2 \rightarrow CH_4+2H_2O \tag{5-16}$$

$$HCOOH+3H_2 \rightarrow CH_4+2H_2O \tag{5-17}$$

$$CH_3OH+H_2 \rightarrow CH_4+H_2O \tag{5-18}$$

$$4CH_3NH_2+2H_2O+4H^+ \rightarrow 3CH_4+CO_2+4NH_4^+ \tag{5-19}$$

5.1.4 生物质厌氧发酵影响因素

在生物质厌氧消化的过程中存在着许多影响因素，为了保证厌氧发酵的顺利进行，需要控制好以下条件：厌氧环境、适宜的发酵温度、碳氮比适宜的发酵原料、适宜的发酵料液浓度、适宜的酸碱度和优质的菌种等。

1. 严格的厌氧环境

沼气微生物的核心菌群产甲烷菌是一种严格厌氧性细菌，对氧气特别敏感，这类菌群的生长、发育、繁殖和代谢等生命活动过程中都不需要空气，微量氧气的存在都会使其生命活动受到抑制，甚至死亡。因此，在进行沼气发酵时，发酵液的氧化还原电位越低越好（不产甲烷阶段-100~+100 mV，产甲烷阶段-400~-150 mV），而发酵环境需要始终处于无氧状态。

2. 发酵温度

温度是影响厌氧发酵性能的重要因素之一，与发酵相关的厌氧菌（特别是产甲烷菌）对温度的变化很敏感，温度的细微波动都会对系统中微生物的生长代谢活动和酶的活性产生很大影响。温度适宜，则微生物繁殖旺盛、活性强，沼气发酵进程就快，产气效果好；反之，温度不适宜，沼气发酵进程就慢，产气效果差。温度的变化也会带来系统中氢分压的变化。沼气发酵的微生物是在一定温度范围内进行代谢活动的，一般在8~65℃下，均能发酵产生沼气，温度不同，产气效果也不同。在8~65℃时，温度越高，产气速率越大，但不是呈线性关系。人们把沼气发酵划分为三个发酵区，分别为常温发酵8~26℃，也称为低温发酵，在这个条件下产气率为0.15~0.3 $m^3/(m^3 \cdot d)$；中温发酵28~38℃，最适温度约为35℃，在这个条件下产气率为1.0~2.0 $m^3/(m^3 \cdot d)$；高温发酵46~65℃，最适温度约为55℃。

3. 适宜的料液浓度

厌氧发酵料液中总固体（或干物质）质量与发酵料液总质量的百分比，通常用总固体含量（TS）来表示。根据初始发酵料液浓度的不同，可以将厌氧发酵分为干式发酵和湿式发酵两种。一般发酵料液浓度的范围是2%~30%，但有机废水沼气发酵浓度一般低于2%。当发酵料液浓度在20%以下时，料液呈流动液态状，称为湿式发酵，湿式发酵料液的流动性及传热传质特性较好，但是反应器的利用率低，需水量大，会产生大量的沼液、沼渣，后期处理复杂；当料液浓度超过 20%时，料液呈固态状，称为干式发酵，干式发酵反应器的容积小、容积产气率高、省水、没有沼液消纳等问题，但是会出现物料流动性差、传热传质困难等问题，同时料液浓度高容易引起“酸化”现象，导致发酵系统运行失败。因此，一定要根据发酵料液含水量的不同，采用不同的适配工艺，保证沼气发酵的正常进行，发酵料液的浓度一定要根据发酵原料的 TS 含量进行计算，以准确配制发酵料液。

4. pH 值和碱度

微生物的繁殖和新陈代谢需要适宜的酸碱环境，适宜的 pH 值是厌氧发酵稳定运行的关键因素。pH 值的变化不仅会造成细胞膜的通透性与微生物细胞膜表面所带电荷的改变，还会影响微生物细胞对所需营养物质的吸收和代谢物的排泄，进而造成微生物的新陈代谢受到影响；同时，pH 值的变化还会显著影响微生物代谢过程中酶的活性。不同的产酸菌、产甲烷菌的菌体生长的最适 pH 范围不同，为了维持两种菌的良好活性，需要将系统的 pH 值控制在两者都适宜的范围内，即 6.8~7.5。

碱度是衡量厌氧发酵体系缓冲能力的尺度，是指发酵液结合 H^+的能力，一般用与之相当的 $CaCO_3$的浓度（mg/L）来表示这种结合能力的大小。发酵料液的碱度主要由碳酸盐、重碳酸盐和部分氮氧化物组成，它们能够缓冲发酵料液中定量的过酸过碱物质，从而使料液的 pH 值在较小的范围内变化。

5. 发酵原料的碳氮比

C 源与 N 源是微生物生长所必需的营养物质，C 是构成微生物细胞质的重要组分，也是生命活动所需能量的物质基础，N 是构成微生物重要生命物质蛋白质和核酸等的主要元素。在生物质厌氧发酵过程中，需要保持一定的碳氮比

（C/N）来保证厌氧发酵的顺利进行。当 C/N 过低时，含氮量超出菌体合成及生长需要，多余的氮素则会被分解成无机氮素而造成系统的氨氮的积累，从而抑制发酵菌群的活性。当 C/N 过高时，会造成系统的氮源不足，使微生物的生成率下降，从而降低底物的分解率和分解速率，影响系统的缓冲能力。因此，在沼气发酵过程中，原料不仅需要充足，而且需要适当的搭配，保持一定的碳氮比，这样才不会因缺氮或缺碳而影响沼气的正常发酵。在其他营养元素具备的条件下，碳氮比为(20~30)∶1 时沼气可以正常发酵，如果碳氮比失调，沼气发酵则会受到影响。

6. 搅拌

在生物质厌氧发酵产沼气过程中，生物化学反应主要是依靠微生物的代谢活动而进行的，这就要不断搅拌发酵原料，从而让微生物接触新的食料。搅拌可以使发酵原料分布均匀，打破分层现象，增加微生物与原料的接触机会，也可以使体系中的传热传质均匀，避免酸积累，促进厌氧发酵过程，提高沼气产量。如果不搅拌，池内会明显地呈现分层现象，即浮渣层、液体层和污泥层。这种分层现象将导致原料发酵不均匀、出现死角、产生的甲烷气体难以释放。

7. 接种物与接种量

人工制取沼气必须有沼气微生物，如果没有沼气微生物的作用，沼气发酵的生化过程就无法完成，所以，在沼气发酵运行之初，要加入足够数量含优良沼气发酵微生物的接种物。接种物可以为厌氧发酵提供大量的产酸菌与产甲烷菌，一般用厌氧处理的污泥接种，而且接种物的质量、接种的比例及来源对维持厌氧发酵系统的稳定性非常重要。接种比例一般是发酵原料质量的 10%~30% 为宜，当接种量过低时，由于系统内进入的大量营养物质不能够快速地被降解，会造成系统内大量营养物质的积累，从而抑制发酵菌群活性；而当接种量过高时，进入系统内的营养物质迅速被分解，会造成系统中营养物质的缺失，从而影响微生物的新陈代谢。同时，虽然反应器内产甲烷微生物的数量增多，但接种物中不能被利用的有机物也会增多，而能被微生物所降解利用的有机物会减少，使反应器容积处理效率降低。

8. 其他因素

发酵体系的物料浓度、发酵控制时长等因素在一定范围内也会对厌氧发酵产生不同的影响，厌氧发酵与其体系中氧化还原电位、氢分压和毒性抑制物等相关反应条件和底物的生理生化特性等具有密切的关系。

5.1.5　生物质厌氧发酵工艺类型分类

厌氧发酵工艺是指从原料处理、调配入发酵装置到产出沼气的一系列操作步骤、过程和所控制的条件。对厌氧发酵工艺，从不同的角度有不同的分类方法。可以从发酵温度、进料方式、装置类型、发酵阶段、发酵浓度、料液流动方式和发酵容积大小等将厌氧发酵工艺划分以下几种类型，见表 5-1。

表 5-1　厌氧发酵工艺类型

分类依据	工艺类型	主要特征
发酵温度	常温发酵	发酵温度随气温的变化而变化，产气效果差，沼气产量不稳定，转化效率低
	中温发酵	发酵温度 28～38℃，需要加温设备，沼气发酵能总体稳定在一个较高的水平，产气速率较快，产气均衡稳定，是目前大中型沼气工程的主流工艺
	高温发酵	发酵温度 48～60℃，有机质分解快，产气率高，滞留时间短。适用于有余热利用体系的有机废水沼气发酵
进料方式	批量发酵	一批原料经过一段时间的发酵后，重新换入新的原料。可以观察发酵产气的全过程，但不能均衡产气
	半连续发酵	启动初期投入较多的原料，当产气量下降时，开始少量地进料，以后定期地补料和出料，能均衡产气，适用性较强
	连续发酵	发酵正常运转后，便按照设计的负荷量连续进料或进料间隔很短，能均衡产气，运转效率高，适用于大中型沼气工程

（续）

分类依据	工艺类型	主要特征
装置类型	常规发酵	装置内没有固定或截留活性污泥的措施，对运转效率的提高有一定的限制
	高效发酵	装置内有固定或截留活性污泥的措施，产气率、转化效率、滞留期等均较常规发酵好
发酵阶段	两相发酵	沼气发酵的酸化阶段与甲烷化阶段分别在两个装置中进行，有利于环境条件的控制和调整，缩短发酵周期，便于总体上优化设计，产气均衡稳定，甲烷含量高
	单相发酵	沼气发酵的酸化阶段与甲烷化阶段在同一装置内进行
发酵浓度	湿式发酵	干物质（TS）含量在10%以下，发酵料液中存在流动的液体，是目前沼气发酵技术中主要采用的工艺
	半干式发酵	发酵浓度介于湿式发酵和干式发酵之间，浓度范围为10%~20%
	干式发酵	干物质（TS）含量在20%以上，不存在可流动的液体。甲烷含量较低，气体转化效率稍差，适用于水资源紧张、原料丰富的地区，但出料相对困难
料液流动方式	全混式发酵	采用搅拌混合装置，料液处于均匀状态，产气速度快，转化效率高，畜禽粪便和污水处理厂污泥处理的大中型工程中采用此工艺
	塞流式发酵	料液无纵向混合，料液浓度高，许多高浓度畜禽粪便沼气工程采用此工艺
发酵容积	户用沼气	发酵容积小，操作控制简单，沼气以户用生活燃料为主
	大中型沼气	发酵容积大，工业化程度高，操作控制复杂，沼气以发电、生活燃料等综合利用为主

5.1.6 厌氧发酵中微生物群落结构

厌氧发酵是由多种微生物共同参与完成的，在厌氧发酵产沼气系统中，存在着种类繁多、关系复杂的微生物菌系。甲烷的产生便是这个微生物菌系中各种微生物相互平衡、协调作用的结果。厌氧发酵产沼气的过程实际上是这些微生物所进行的一系列生物化学的偶联反应，根据代谢功能的不同，可以将厌氧发酵微生物划分为不产甲烷菌（non-methanogens）和产甲烷菌（methanogens）两大类。而根据代谢产物的不同，不产甲烷菌可以进一步划分为发酵型细菌、产氢产乙酸菌和同型产乙酸菌三类，产甲烷菌可进一步划分为氢营养型产甲烷菌、乙酰基营养型产甲烷菌和甲基营养型产甲烷菌三类见表5-2。

（1）不产甲烷菌

主要包括发酵型细菌、产氢产乙酸菌及同型产乙酸菌等。

表 5-2　厌氧发酵微生物类群及主要参与菌种

微生物类群	类　别	主要参与菌种
不产甲烷菌	发酵型细菌	拟杆菌属、丁酸弧菌属
	产氢产乙酸菌	梭菌属、暗杆菌属
	同型产乙酸菌	乙酸杆菌、嗜热自养梭菌
产甲烷菌	氢营养型产甲烷菌	布氏产甲烷菌、佩氏产甲烷菌
	乙酰基营养型产甲烷菌	索式产甲烷丝菌
	甲基营养型产甲烷菌	第七产甲烷古菌、甲酸产甲烷杆菌

1）发酵型细菌：发酵型细菌主要是一些兼性厌氧菌和专性厌氧菌，从生理功能上又可以分为挥发酸生成菌群和基质分解菌群。其中以细菌种类居多，包括梭菌属、拟杆菌属、丁酸弧菌属、乳酸菌属、双歧杆菌属等 18 个属、50 多个种。发酵型细菌的种类十分宽泛，包括化能自养菌、化能异养菌和光能异养菌，甚至还有真菌和原生动物的存在。

2）产氢产乙酸菌：在厌氧发酵过程中，产氢产乙酸菌在功能生态位上起到承上启下的作用，发酵型细菌产生的丙酸、丁酸和乙醇等均需要通过产氢产乙酸菌转化为乙酸才能进一步被产甲烷菌利用，是大分子有机物甲烷消化过程必不可少的微生物。目前所报道的产氢产乙酸菌株很少，近 10 年来的研究发现，产氢产乙酸菌主要包括互营单胞菌属、互营杆菌属、梭菌属和暗杆菌属等。

3）同型产乙酸菌：同型产乙酸菌也称为耗氢产乙酸菌，这是一类既能自养生长又能异养生长的混合营养型细菌。已分离到的同型产乙酸菌主要有伍德乙酸杆菌、威林格乙酸杆菌和嗜热自养梭菌等。

（2）产甲烷菌

产甲烷菌是一类能够将无机或有机化合物转化为甲烷和 CO_2 的一类古菌，它们在生理上高度专化、极端严格厌氧。产甲烷菌是厌氧消化过程的最后一个成员，是自然界碳素循环的关键链条。因此，产甲烷过程及产甲烷菌的研究越来越受到人们的重视。

按传统分类来说，广古菌门（Euryarchaeota）被认为是产甲烷菌的唯一门类。目前，产甲烷菌分属于 6 个目，分别是甲烷球菌目、甲烷火菌目、甲烷杆菌目、甲烷八叠球菌目、甲烷微菌目和甲烷胞菌目。而随着微生物学的日益发展及人们对产甲烷菌的深入研究，人们又发现了不同于前几类的新型产甲烷菌，它们分属于广古菌门和非广古菌门。其中，Methanomassiliicoccales（RC-III）、Methanofastidiosa（WSA2）、Methanonatronarchaeia 属于新型广古菌门产甲烷菌，Bathyarchaeota、Verstraetearchaeota 和地古菌门（Geoarchaeota）等属于非广古菌门新型潜在产甲烷菌。此外，鉴于马赛球菌目的 16S rRNA 和 mcr A 基因的系统发育地位与传统的两类古菌纲完全不同，属于热原体纲的一个分支，其被认为是产甲烷菌的第 7 个目。而依照利用的底物的不同，产甲烷菌也可以分为食氢产甲烷菌和食乙酸产甲烷菌两大类。

5.1.7 生物质厌氧发酵反应器

目前，常见的生物质厌氧发酵反应器主要有湿式和干式反应器两大类。

1. 湿式反应器

湿式反应器根据水力停留时间（HRT）、污泥滞留期（SRT）和微生物滞留期（MRT）的不同，将厌氧沼气发酵装置分为常规型、污泥滞留型和附着膜型三类。

1）常规型反应器：这类反应器的典型特征是将发酵料中的液体、固体和微生物混合在一起，在出水的同时固体和微生物一起被淘汰，即 HRT、SRT 和 MRT 相等。由于反应器内沼气微生物的流失，有机物质得不到充分的消化，发酵效率较低。但随着对该类型反应器的不断改进，新型的高效反应器不断涌现，其典型代表是完全混合式厌氧反应器（见图 5-2）。

2）污泥滞留型反应器：这类反应器的特征是通过各种固液分离方式将 SRT、MRT 与 HRT 加以分离，从而使反应器有较长的 SRT 和 MRT 和较短的 HRT，提高了产气量并缩小了反应器体积。其典型代表是 UASB 厌氧反应器及其改进型（见图 5-3）和 USR 厌氧反应器（见图 5-4）。

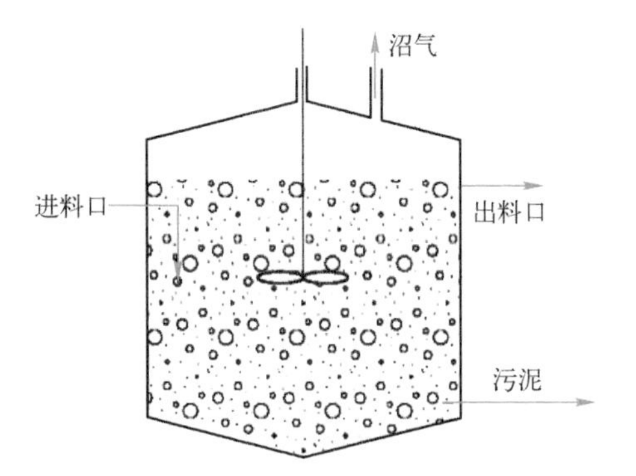

图 5-2　完全混合式厌氧反应器示意图

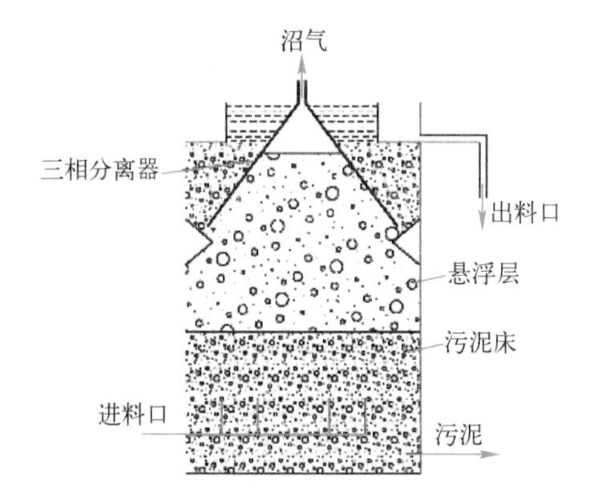

图 5-3　UASB 厌氧反应器示意图

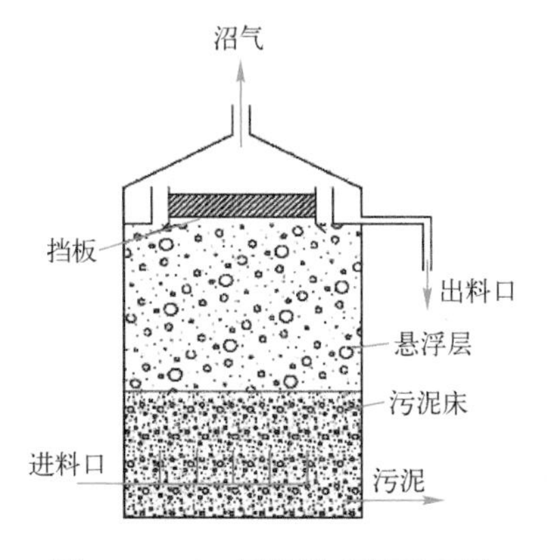

图 5-4　USR 厌氧反应器示意图

3）附着膜型反应器：这类反应器的特征是在反应器内安装惰性支持物（又称填料）供微生物附着，并形成生物膜。这就使进料中的液体和固体在穿流而过的情况下，将微生物滞留于生物膜内，并且在 HRT 相当短的情况下，可以阻止微生物冲出。这类反应器适用于处理低浓度、低 SS 有机废水，因其具有短的 SRT 而影响固体物的转化。如厌氧滤器厌氧反应器（见图 5-5）和流化床厌氧反应器（见图 5-6）。

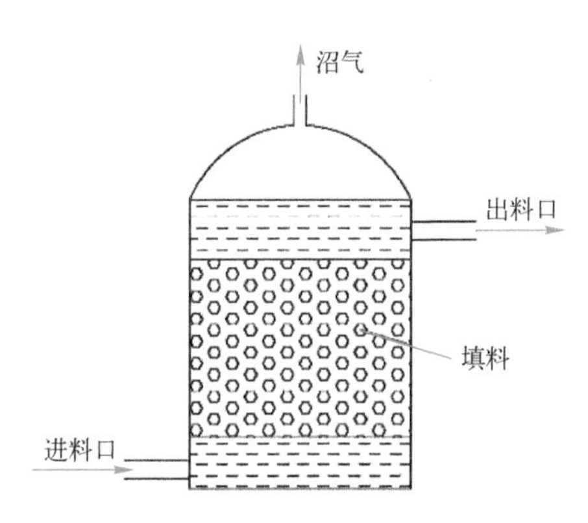

图 5-5　厌氧滤器厌氧反应器示意图

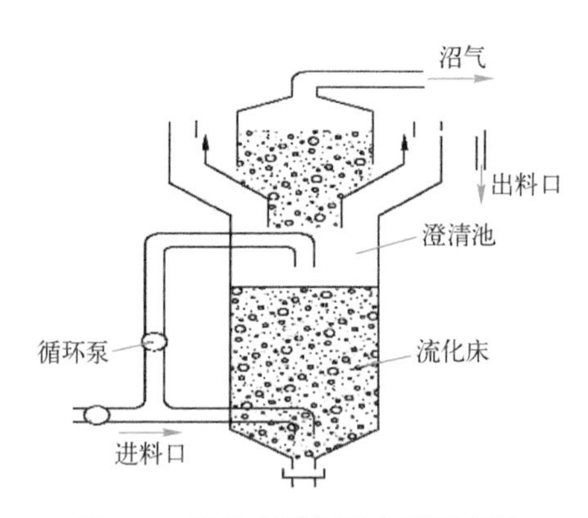

图 5-6　流化床厌氧反应器示意图

2. 干式反应器

干式反应器主要有连续干式反应器和间歇式干式反应器两大类。

1）连续干式反应器：这类反应器的特征是可以实现发酵原料的连续进出，

反应器多为圆柱形，设有接种液循环装置。其典型代表是 Dranco 反应器（见图 5-7）、Kompogas 反应器（见图 5-8）和 Valorga 反应器（见图 5-9）。

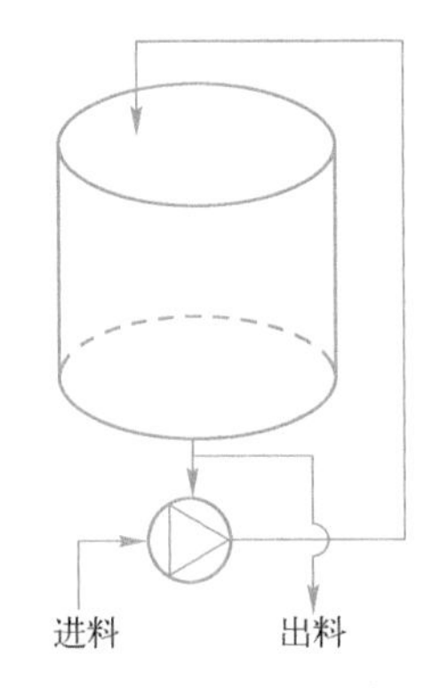

图 5-7　Dranco 反应器

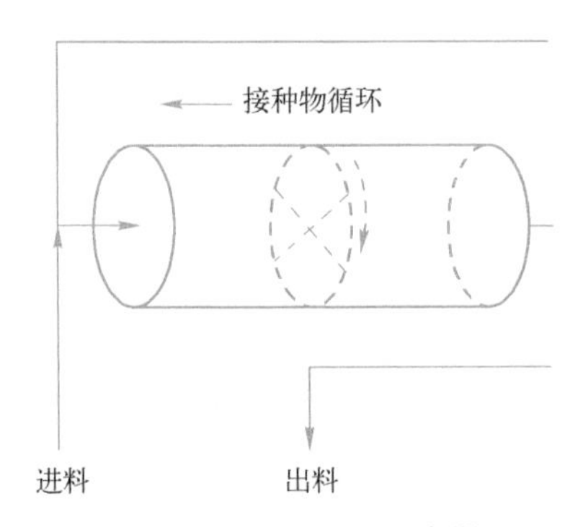

图 5-8　Kompogas 反应器

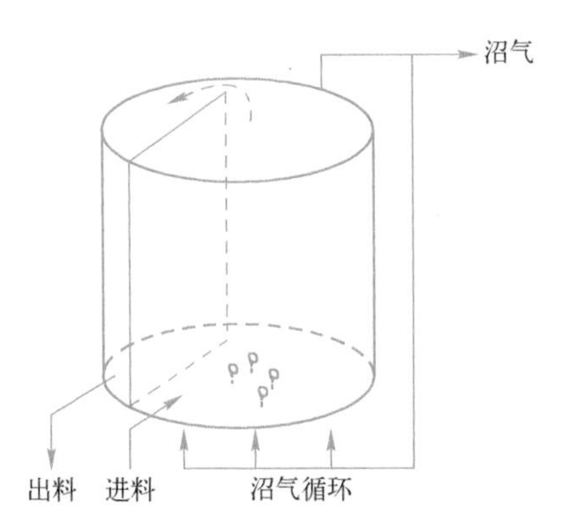

图 5-9　Valorga 反应器

2）间歇式干式反应器：由于连续干式沼气发酵工艺相对复杂、运行成本过高，因此未能得到广泛推广。而间歇式干式沼气发酵由于工艺简单、操作维护方便、运行成本较低，从而得到了迅速发展。目前，已有大量的工业级干发酵装备投入市场开始运行。这类反应器的主要特征为：发酵物料一次加料接种后完成消化过程，之后，消化罐清空，并进行下一批进料。间歇式干式反应器因其设计简单、操作方便、对粗糙底物与重金属耐受性强以及投资少而在发展中国家更有发展前途。其进料固体浓度一般在20%～40%，主要包括单相间歇式、序批式和组合式三种类型（见图5-10、图5-11和图5-12）。

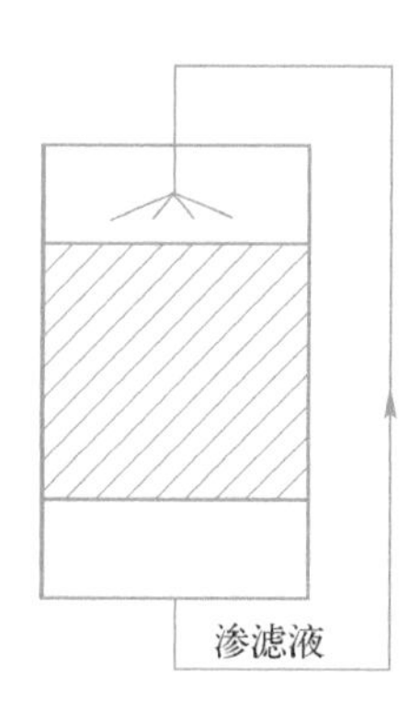

图5-10 单相间歇式反应器

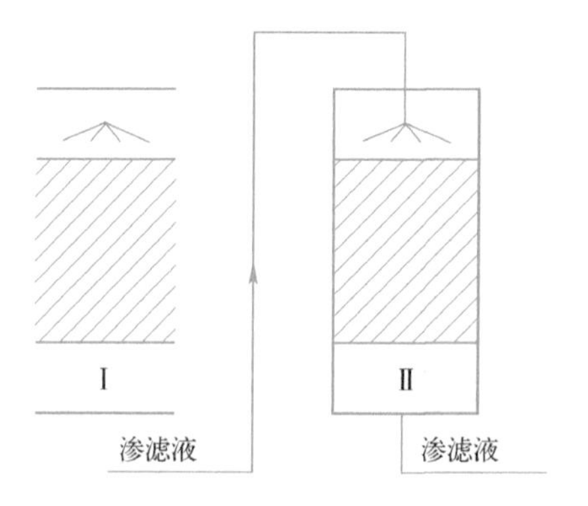

图5-11 序批式反应器

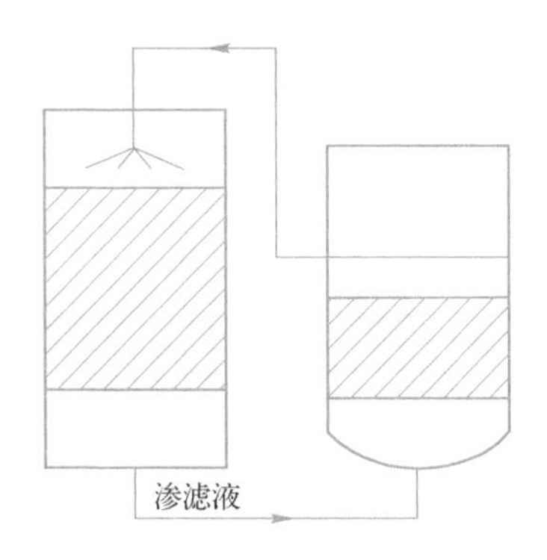

图 5-12　组合式反应器

近年来，国内外研究者均致力于运行成本低、经济效益好的规模化干法沼气技术开发。干法沼气技术的原料中干物质的含量在 20%以上，呈固态，常规泵类设备很难作业，并且传热传质效果差，如何解决以上问题对干式发酵经济的可行性至关重要。根据干式发酵存在的关键问题，世界各国在反应器结构设计、工程经济运行等方面进行了研究，出现了多种新型间歇式干式反应器。

5.2　生物质厌氧发酵沼气净化与提纯

沼气是微生物利用有机肥在厌氧环境下发酵产生的一种混合的可燃性气体，其组成不仅取决于发酵原料的种类及其相对含量，而且随发酵条件和阶段的不同而变化。一般，沼气中甲烷（CH_4）的含量为 50%~75%，二氧化碳（CO_2）的含量为 25%~45%，水（H_2O，20~40℃下）的含量为 2%~7%，氮气（N_2）的含量为 0~2%，氧气（O_2）的含量为 0~2%，氢气（H_2）和硫化氢（H_2S）的含量少于 1%。在过去，沼气主要用于居民生活炊事和照明等。随着科技的进步，沼气也具有越来越多的用途，由最初的家庭生活应用，发展到利用沼气进行发电，或者将沼气净化后作为车用燃料等。生物燃气的利用由低效直燃热利用、热电联供向高品质民用、车用燃料的方向发展。

5.2.1 沼气净化与提纯概述

21世纪以来，欧盟各国的沼气生产和净化提纯技术都已经发展成熟，成为各国的一大重点产业，瑞典是开发和利用生物质燃料技术较为成熟的国家之一。早在1996年，瑞典就已经将沼气作为车用生物质燃料，并制定了一系列的生物质燃料标准。根据不完全统计，截至2005年，瑞典已有223家沼气工厂和31家沼气净化厂，有779辆沼气公交车和4500多辆汽油和沼气或天然气的混合燃料车，并且首次将沼气作为列车燃料使用；2010年，瑞典使用生物质燃料的车辆已经有7万辆，相关加气站500个；2015年，瑞典已有2/3的公共汽车使用了生物燃料，车用生物燃料主要有生物柴油、沼气等。德国也是欧盟各国中开发生物质燃料的佼佼者。据文献介绍，德国沼气技术潜力高达每年60 TW · h（折合沼气102亿 m^3）。德国98%的沼气工程产生的沼气主要用作燃烧发电，截至2008年底，德国沼气工程的总装机容量达到了1435 MW。

我国对沼气的开发和利用始于20世纪20年代，经过近百年的发展，沼气生产技术已经趋近成熟，并且由过去的单一制取能源向保护生态环境、改善环境卫生和缓解能源供给压力等多元化方向发展。

尽管沼气作为传统的可再生资源，与天然气的成分相近，可以作为天然气的替代品使用，但沼气中杂质较多、成分不稳定、热值低，极易出现发动机效率低、燃烧情况不理想和可靠性差等问题，因而需要通过净化和提纯先将其转化成生物燃气再加以应用。沼气转化为生物燃气主要涉及净化和提纯两个步骤，净化是去除沼气中微量的有害成分，例如，沼气中的硫主要以 H_2S 的形式存在，含量为500~5000 mg/L，会引起压缩机、气体储罐和发动机的腐蚀，且燃烧后产生的 SO_2 和 SO_3 溶于水后，会引起腐蚀并污染环境；提纯主要是对沼气中的 CO_2 进行去除，减少 CO_2 的含量，增大 CH_4 的纯度，以提高燃气热值。

5.2.2 沼气脱水技术简介

厌氧发酵过程中产生的沼气经常处于水饱和状态，沼气会携带大量的水分，使之具有较高的湿度。沼气中的水分会存在以下不良影响：水分与沼气中的 H_2S 结合后会产生硫酸（H_2SO_4），腐蚀管道和设备；水分凝聚在气体输送管道上的检查阀、安全阀、流量计等设备的膜片上，会影响其准确性；水分能增大管路的气流阻力；水分会降低沼气燃烧的热值。因此，沼气的输配系统中应采取脱水措施。目前，沼气工程上常用的脱水方法主要有三种：重力法、冷凝法和吸附法。

1. 重力法

重力法的主要原理是沼气以一定的压力从气水分离装置上部以切线方式进入后，沼气在离心力作用下进行旋转，然后依次经过平置挡板及竖置挡板，促使沼气中的水蒸气从沼气中分离出来，而装置内的水滴在重力作用下沿内壁向下流动，汇集于装置底部，并定期排除。气水分离装置示意图如图 5-13 所示。

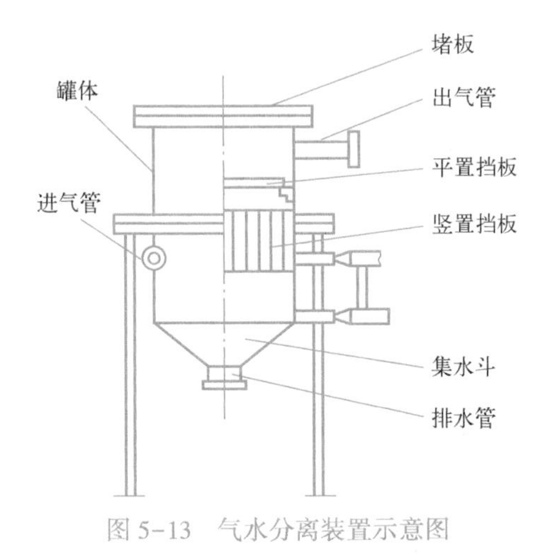

图 5-13　气水分离装置示意图

2. 冷凝法

沼气通过冷却器时，利用冷媒降低沼气的温度，使沼气中的水分在较低的露点温度下冷凝结露后分离排出，冷却后的气体经升温输送，不再产生冷凝水。

3. 吸附法

吸附法是指通过硅胶、氧化铝或氧化镁等干燥剂来吸收气体中的水分，当含有水分的生物燃气通过吸附床时，水分会被干燥剂吸附。在工程上通常使用两套装置，当一套装置工作的时候，另外一套可以再生。干燥剂的再生可以通过两种途径，一种是用一部分（3%~8%）的高压干燥气体再生干燥剂，这部分气体可以重新回流至压缩机入口；另一种是在常压下，用空气和真空泵来再生干燥剂，由于此法会把空气混入沼气中，一般较少使用。

5.2.3 沼气脱硫技术简介

经过厌氧发酵的沼气，其 H_2S 含量一般为 1~12 g/m^3。若不对沼气进行脱硫处理，H_2S 在管道流动或者在发动机工作过程中，会与水和氧气接触形成亚硫酸，会对管道设备的金属表面以及气缸、轴瓦和活塞环等发动机部件造成严重腐蚀。而且 H_2S 的燃烧产物直接排入大气后，会对环境造成破坏，危害人体健康。虽然在水洗过程中可同时脱除 CO_2 和 H_2S。但是，由于吸收 H_2S 后的富液难再生，且极易导致填料塔中微生物快速繁殖，造成塔内阻塞。所以，在实际生产中，会在填料塔前设置脱硫装置，使沼气进入填料塔时已将 H_2S 脱除。当前，国内外脱除 H_2S 的方法众多，包括干法脱硫、湿法脱硫和其他工艺。

1. 湿法脱硫

（1）醇胺吸收法

醇胺吸收法经常使用的吸收剂是一乙醇胺、二乙醇胺，有时也用三乙醇胺，

它们可以同时除去气体中的 H_2S 和 CO_2。其反应机理为

$$2RNH_2+H_2S \rightarrow (RNH_2)_2H_2S \tag{5-20}$$

$$2RNH_2+CO_2+H_2O \rightarrow (RNH_2)_2H_2CO_3 \tag{5-21}$$

$$(RNH_3)_2S+H_2S \rightarrow 2RNH_3HS \tag{5-22}$$

$$(RNH_3)_2CO_3+CO_2+H_2O \rightarrow 2RNH_3HCO_3 \tag{5-23}$$

这些反应是可逆的，低温时酸性气体被吸收，高温时被解吸。

（2）碱液吸收法

在考虑湿法沼气脱硫净化处理技术时，吸收剂还可以选用碱液，比如碳酸钠吸收法、液相催化法、石灰乳吸收法（制硫脲）、氢氧化钠吸收法等。其中，碳酸钠吸收法流程简单，药剂便宜，适用于处理硫含量高的气体；缺点是脱硫效率不高，一般为 80%~90%，且由于再生困难，蒸气及动力消耗较大。而液相催化法是利用碱性溶液吸收 H_2S，为了避免空气将 H_2S 直接氧化为硫代硫酸盐或亚硫酸盐，利用有机催化剂（氧化态）将水溶液中的 HS^- 氧化为硫磺，催化剂自身转化为还原态；然后再用空气氧化催化剂，使之转化为氧化态。该法克服了化学吸收法再生困难的缺陷。石灰乳吸收法利用石灰吸收沼气中的 H_2S 而生成硫氢化钙，再用石灰乳与之反应生成硫脲。硫脲是有用的工业原料，可以用来制造磺胺类药物，用于冶金、印染和照相行业。石灰乳吸收法的缺点是硫的脱出效率不高，且石灰乳吸收后的废气还需进一步净化后才能排放。氢氧化钠吸收法主要用于要吸收处理的 H_2S 废气量不大的情况。

2. 干法脱硫

（1）氧化铁法

氧化铁沼气脱硫法是使用较早的一种脱硫法，在农村户用沼气池广泛使用。早期的大中型沼气工程也引入了这种方法。该方法的脱硫剂为氧化铁，并添加了石灰石、木屑、水等。该法脱硫剂成本较低，脱硫效率高，但占地面积大、阻力大，脱硫剂需要定期再生或更换，脱硫的连续性不好保证。一般采用两个

以上的脱硫塔并联使用来保证脱硫的连续性，但这会造成脱硫设备的占地面积更大，投资也更大。有关研究报道，该法的脱硫效率可达99%，但是存在反应速度慢、设备庞大、占地面积大、对被净化气体流动的阻力大、脱硫剂需定期再生或更换等缺点，所以氧化铁法总体上不是很经济。

（2）氧化锌法

将上述的氧化铁法中的脱硫剂改为氧化锌，就形成了氧化锌法沼气脱硫净化。氧化锌法脱除硫化氢的反应机理和反应行为已得到了公认。氧化锌还有部分转化吸收的功能，能将COS、CS_2等有机硫部分转化成H_2S而吸收脱除。由于生成的ZnS难离解，且脱硫精度高，脱硫后气体含硫量在0.1×10^{-6} mg/m^3以下，所以一直应用于精脱硫过程。氧化锌法沼气脱硫净化技术与氧化铁法相比，脱硫效率高，吸附H_2S速度快。氧化锌法脱硫能力随温度的增加而增加，但脱除H_2S在较低温度下即可进行。该方法适合于处理H_2S浓度较低的气体，脱硫效率高。据其在工业煤气脱硫净化中的试验研究表明，其脱硫率可达99%。

（3）铁、锰、锌混合氧化物脱硫

随着国家对环保工作的日益重视，煤火电厂尾气排放脱硫、工业煤气脱硫及其他工业尾气排放脱硫的研究不断深入，对新型脱硫剂的研究也不断深入。我国在1982年开发了一种新型催化剂：MF-1型脱硫剂，用于大型氨厂和甲醇厂的原料脱硫。这种催化剂以含铁、锰、锌等氧化物为主要活性组分，添加少量助催化剂及润滑剂等加工成型，其脱硫原理如下。

1）脱硫剂还原。

$$MnO_2+H_2 \rightarrow MnO+H_2O \tag{5-24}$$

$$3Fe_2O_3+H_2 \rightarrow 2Fe_3O_4+H_2O \tag{5-25}$$

$$3Fe_2O_3+CO \rightarrow 2Fe_3O_4+CO_2 \tag{5-26}$$

2）有机硫热解。

$$2CH_3SH \rightarrow C_2H_2+2H_2S \tag{5-27}$$

$$CH_3SCH_3 \rightarrow C_2H_4+H_2S \tag{5-28}$$

3）硫化物吸收。

$$MnO+H_2S \rightarrow MnS+H_2O \tag{5-29}$$

$$Fe_3O_4+3H_2S+H_2 \rightarrow 3FeS+4H_2O \tag{5-30}$$

其优点为：脱硫费用省，效果好，设备简单、运行稳定、操作弹性大，脱硫原理为热化学反应，在脱硫过程中气体中的活性组分反应生成稳定的金属硫化物，对环境无二次污染。缺点是脱硫需要加热设备。

3. 其他工艺

（1）活性炭法

该法主要利用活性炭比表面大、吸附性强、能脱硫、脱苯、脱臭、脱色等特点，是一个物理吸附和化学吸附共存的反应过程。常见的活性炭脱硫工艺流程有固定床和移动床。固定床吸附塔可并联或串联运行，并联时的脱硫效率为 80%，串联时的脱硫效率最大为 90%；移动床的脱硫效率为 86.7%。活性炭的再生方法包括洗涤再生和加热再生两种，其中洗涤再生较为简单、经济。

（2）膜分离脱硫法

该法是使含不同组分的气体在一定的压力梯度下透过特定的薄膜，利用不同气体透过薄膜的速度不同，将气体中各组分分离的方法。其优势在于可以利用原料气的天然高压作为分离的推动力。两个流动相分别在多孔膜两侧流动，沼气中的 H_2S 和 CO_2 可以通过膜孔进入碱性溶液，并与该溶液中的吸收剂反应而被吸收。该法具有设备占地少、操作简便、稳定性高、易工业放大、环境友好等优点，尤其是不受恒沸点限制，处理费用相对较低。但复杂的制膜工艺使得膜系统造价昂贵，而且在工业条件下，膜的性能也不够稳定。

5.2.4　沼气脱碳技术简介

沼气中的 CO_2 含量一般在 25%～50%（根据不同的沼气发酵工艺和条件而

变化）。当沼气用作内燃机燃料等场合时，沼气中存在的二氧化碳能减缓火焰传播速度，在发动机高温高压工作时，起到抑制“爆燃”倾向的作用，使沼气较甲烷具有更好的抗爆特性，可以在高压缩比下平稳工作，同时使发动机获得较大功率。但沼气中的 CO_2 含量过大时，会影响到发动机燃料沼气混合物的燃烧热值等，从而影响到发动机的输出功率等性能。所以，从沼气中脱除一部分的 CO_2，使之处于一个合理范围（20%~40%），在某些特定的使用场合也是十分必要的。

目前来说，沼气脱碳的方法按大类可以分为液体吸收法和固体吸附法。其中，液体吸收法主要分为两种：物理吸收法和化学吸收法。物理吸收法主要是利用 CO_2 能溶于某些液体的特性将其从混合物中分离出来，不同的溶剂吸收 CO_2 的能力不同，脱碳率也不一样，但一般都比化学吸收的脱碳率低。化学吸收法是根据 CO_2 是酸性气体的特性，利用碱性吸收剂与 CO_2 进行化学反应来去除 CO_2，化学吸收法可以在低压下实现高效脱除 CO_2，当化学吸收剂完全反应后，它就不再具有吸收 CO_2 的特性，所以化学吸收剂的吸收能力是有限的。固体吸附法主要有固定床吸附脱碳和通过选择分离膜脱碳。

1. 液体吸收法

（1）物理吸收法

1）高压水洗法：高压水洗是沼气提纯中应用最多的物理吸收法，采用1~2 MPa 水洗压力，脱除沼气中的 CO_2。水的来源丰富、无毒、工艺简单，且由于 CO_2 和 H_2S 在水中的溶解度远大于甲烷的溶解度，CO_2 和 H_2S 在水中的溶解度随着压力的升高将逐渐增大，所以甲烷损失较少。水溶剂可以选用再生循环方式或非循环方式，一般以工业废水作吸收液的常采用非循环方式。加压水洗法在长期使用中存在微生物堵塔的问题，进而会影响脱碳效率，可以采用紫外线照射，高温热水、过氧醋酸柠檬酸或清洁剂洗塔。

2）低温甲醇法：低温甲醇法是20世纪50年代初德国林德公司和鲁奇公司

联合开发的应用最早的一种气体净化工艺，该工艺以冷甲醇为吸收溶剂，利用甲醇在低温下对酸性气体溶解度极大的优良特性，脱除原料气中的酸性气体。该工艺具有流程简单、运行可靠、能耗比水洗法低、产品纯度较高等优点，但是为获得吸收操作所需低温需要设置制冷系统，设备材料需要用低温钢材，因此装置的投资较高。虽然投资较高，但与其他脱硫、脱碳工艺相比，具有电耗低、蒸汽消耗低、溶剂价格便宜、操作费用低等优点。

3）碳酸丙烯酯法：碳酸丙烯酯（$CH_3CHOCO_2CH_2$）是极性溶剂，其性质稳定、无毒、对碳钢设备无腐蚀，可选择性脱除 CO_2、H_2S 和有机硫，而对 H_2、N_2、CO 等有效气体的溶解度甚微，具有净化度高、能耗低、回收 CO_2 纯度高等优点，是近年来中小型沼气工程常用的脱碳和回收 CO_2 的方法。碳酸丙烯酯法对气体的净化提质受压力、温度、溶剂贫度和吸收气液比等的影响。其吸收能力与压力成正比，压力越大，越有利于 CO_2和 H_2S 的吸收脱除；而 CO_2和 H_2S 在碳酸丙烯酯中的溶解度随着温度升高而下降，对吸收过程不利。因此，降温有利于 CO_2和 H_2S 的吸收，可以减少溶剂循环量、降低贫液泵的电耗，并减少 H_2 和 N_2 的损失。

4）NHD 法：NHD——聚乙二醇二甲醚溶剂已被广泛应用于天然气、燃料气、合成气等混合气体中 H_2S、CO_2、COS、烃、醇等的吸收。该工艺有工艺流程简单、投资较小、溶剂的化学稳定性和热稳定性好、溶剂循环量小、气体净化度高、溶剂损耗低、NHD 腐蚀性极小、设备维修费用低、NHD 溶剂脱硫能力高、能耗低等众多优点。

（2）化学吸收法

化学吸收法是指沼气中的 CO_2与溶剂在吸收塔内发生化学反应，CO_2进入溶剂形成富液，然后富液进入脱吸塔加热分解 CO_2，吸收与解吸交替进行，从而实现 CO_2的分离和回收。化学吸收法的优点是气体净化度高、处理气量大，缺点是对原料气适应性不强、需要复杂的预处理系统、吸收剂的再生循环操作较为烦琐。

1）胺法脱碳技术：主要包括单乙醇胺法（MEA 法）、二乙醇胺法（DEA 法）和活化 MDEA（N-甲基二乙醇胺）法。

① 单乙醇胺法（MEA 法）：吸收 CO_2的效果很好，与 CO_2反应生成碳酸盐化合物，且加热就能使 CO_2分解出来，在一个非常简单的装置中就能将 CO_2脱除到 0.1%左右。但此技术成本较高、吸收率慢、吸收容量小、吸收剂用量大且再生能耗高、设备腐蚀率高、胺类会被其他烟气成分降解。

② 二乙醇胺法（DEA 法）：DEA 水溶液与 CO_2的反应机理与 MEA 水溶液与 CO_2的反应机理类似，由于其沸点较 MEA 高、蒸发损失少、与 MEA 相比易于再生、汽提消耗的热量较小，因此可以在较高的温度下进行吸收，不易降解。

③ 活化 MDEA 法（N-甲基二乙醇胺法）：活化 MDEA 法脱除 CO_2是 20 世纪 70 年代德国 BASF 公司开发出来的一种低能耗新方法，基于 MDEA 吸收 CO_2具有物理吸收和化学反应两个过程特性，当采用 MDEA 醇胺法进行沼气脱碳时，可以根据原料气压力、酸性气体浓度、净化气气质要求等条件进行流程选择，以降低流程的能量消耗。该工艺具有吸收能力大、反应速度快、适应范围广、再生能耗低、净化度高、溶液基本不腐蚀、大部分设备及填料可用碳钢制作、操作简化等优点。

2）热钾碱工艺：碳酸钾系统脱碳的化学原理是下列可逆反应。

$$K_2CO_3+CO_2+H_2O \rightleftharpoons 2KHCO_3 \tag{5-31}$$

该反应平衡速度较慢，因此，与其他气体的吸收工艺不同，碳酸钾溶液的操作温度不是常温，而是 50℃左右，俗称“热钾碱工艺”。加热有利于碳酸氢钾的分解，再生压力越低对再生越有利。溶液的组成、吸收压力、吸收温度、溶液的转化度和再生条件等因素对热钾碱技术有较大的影响。

2. 固体吸附法

1）变压吸附法：也叫分子筛吸附，是在加压条件下将气体混合物中的 CO_2、H_2S、水蒸气和其他杂质与多微孔-中孔的固体吸附剂接触，吸附能力强的组分被选择性地吸附在吸附剂上，吸附能力弱的组分富集在原料气中排出，当压力减小时，碳分子筛中吸附的化合物组分会被释放出来。常用的吸附剂有天然沸石、分子筛、活性氧化铝、硅胶和活性炭等。整个过程由吸附、漂洗、降压、抽真空和加压 5 步组成，其分离效果与分子特性和分子筛材料的亲和力有关。选择不同孔径的分子筛或调节不同的压力，能够将 CO_2、H_2S、水蒸气和其他杂质选择性地从沼气中去除，通常用焦炭来制作微米级孔隙结构的碳分子筛以净化沼气。具有成本低、能耗低、效率高以及装置自动化程度高等特点，但是变压吸附法能耗高，成本价格偏高，一般要求选择合适的吸附剂，而且需要多台吸附器并联使用以保证整个过程的连续性，并多在高压或低压下操作，对设备要求高。

2）膜分离：利用一种膜材料，依靠气体在膜中的溶解度的不同和扩散速率的差异，来选择“过滤”气体中各组分达到分离的目的。膜分离技术的装置简单，投资比溶剂吸收法低，但难以得到高纯度的 CO_2。气体分离膜的材料主要有高分子材料、无机材料和金属材料三大类。高分子材料主要有聚二甲硅氧烷、聚砜、聚酰胺、聚亚酰胺、醋酸纤维素和中空纤维等；无机材料包括陶瓷膜、微孔玻璃膜和碳分子膜等；金属材料主要是稀有金属。适用于沼气脱除 CO_2 的气体分离膜是中空纤维膜。

膜分离主要有两种：高压气相分离和气相-液相吸收膜分离。高压气相分离时膜的两侧都是气相，所需压力较高。压缩至 3.6 MPa 的沼气首先通过活性炭床去除卤代烃和部分 H_2S，然后进入滤床和加热器，再进入膜分离组件。膜通常由醋酸纤维素制成，可以分离 CO_2、H_2O 和 H_2S 等极性分子，它对 CO_2 和 H_2S 的渗透能力分别比 CH_4 的渗透能力高 20 倍和 60 倍，但不能分离 N_2。气相-液相吸收膜分离中膜的一侧为气相，另一侧为液相，不需要较高压力。沼气从膜的一侧流过，其中的 H_2S 和 CO_2 分子能够扩散穿过膜，在另一侧被相反方向流过的液体吸收，吸收膜的工作压力仅为 0.1 MPa，温度为 25~35℃。

3. 其他

1）深冷分离：是将气体混合物在低温条件下通过分凝和蒸馏进行分离的方法。该技术的特点是低温（接近-90℃）、高压（40 MPa），通过将CO_2液化实现分离。深冷分离是一种刚开始采用的沼气纯化技术，目前还处于前期研究示范阶段。

2）生物法脱碳：近年来，诸多研究者也开始利用生物法对CO_2进行脱除，现在发现的固碳途径主要有5种，分别是卡尔文循环途径、活性乙酸途径、还原三羧酸循环途径、羟基丙酸途径和甘氨酸途径，但生物法目前仅限于实验室阶段。

3）水合物法：水合物法分离气体的原理是当混合气形成水合物时，水合物物相中气体组成与气相组成不一致，容易形成水合物的组分会在水合物物相中富集。此方法的反应速率很快、生产效率高、设备相对简单。

5.2.5 沼气脱氧技术简介

在沼气生物脱硫过程中，添加了部分空气以调节脱硫系统的内部环境，若将该系统产生的沼气用于制取压缩天然气（Compressed Natural Gas，CNG），则会产生氧气含量超限的问题。沼气的脱氧是沼气制CNG的重要步骤，经传统生物脱硫工艺后的沼气一般含有0.8%~3%的氧气，沼气中氧气的含量过大，会使沼气的利用过程极具危险性，甚至会威胁人们的生命安全，在CNG的制取工艺中，明确要求沼气中氧气含量低于0.5%（GB 18047—2017）。因此，当氧气的含量过高时，脱除沼气中的氧气显得尤为重要，通过脱氧得到更加清洁、安全的沼气，可以更为有效地实现其在工程中的利用价值。

目前，对于沼气脱氧的研究还比较少，但是在气体脱氧领域已经有了很丰富的技术积累。气体脱氧机理主要概括为催化脱氧、吸附脱氧、燃烧法脱氧三种，在脱氧剂方面目前已经研制出了贵金属脱氧剂、铜系脱氧剂、锰系脱氧剂、镍系脱氧剂、钼系脱氧剂、铁系脱氧剂、耐硫脱氧剂等，并且这些脱氧剂已经被成功地运用到煤层气脱氧、烯烃脱氧、合成气脱氧、普气脱氧等工业应用中。

沼气脱氧与普通气体在脱氧方面有相似的因素，又存在着自身的一些特点。结合前面所述的三种脱氧机理，对于沼气脱氧，加氢脱氧会混入氢气杂质，还需要另外解决氢源问题；化学吸收脱氧又难以达到脱氧深度的工业要求；因此利用催化燃烧的方式脱氧，即利用甲烷和氧气在催化剂下反应脱除沼气中的氧气将是最佳选择。甲烷与氧气要想实现低温燃烧应该有催化剂的存在，结合前面所述脱氧剂的种类和脱氧原理，贵金属脱氧剂应该是最佳的选择。

甲烷催化燃烧脱氧是过量甲烷与少量或微量的氧气在催化剂的作用下发生氧化反应，温度为 200～300℃，为无焰燃烧。国内外已经成功研制了多种甲烷燃烧催化剂可供选用，按组成可以大致分为贵金属负载型催化剂和过渡金属氧化物催化剂。虽然过渡金属氧化物催化剂的成本低廉，但其低温及贫氧活性差，制备过程复杂，结合沼气自身组成的特点，宜使用贵金属催化剂来脱氧。

5.3　沼气发电技术

沼气是自然界的一种可以不断再生的能源，其资源丰富、价格低廉、污染小，极大地缓解了当前化石能源的短缺带来的压力，而且沼气燃烧之后的产物可以大大缓解对生态环境的污染。沼气工程的推广与普及，使得畜禽粪便、工业污水、厨余垃圾等废物被有效利用，成功实现了“变废为宝”。据统计，我国大、中城市年处理的生活垃圾约为 365 亿 t，其中，宁夏生活垃圾清运量约为 2000 t/d，由于城市固体废物中存在大量的生物质垃圾，所以成为固态废物污染生态环境的主要污染源。而生活垃圾均可以是生成沼气的原始物料，因此，大力发展以生活垃圾为原料的清洁能源沼气技术是当前解决城市生活垃圾处理问题最有效的途径。

5.3.1 沼气资源化利用概述

沼气作为天然气的替代品，主要用于生物燃气生活用能、车用生物燃气、生物燃气发电等方面。

1）生物燃气生活用能：最主要的用途是加热，其载体是沼气炊具。生物燃气的利用率与沼气燃烧所需要的氧气的供给、沼气压力、沼气炊具、沼气炉灶的热效率、沼气灶具的一次空气系数以及沼气燃具的燃烧方式等因素相关。沼气燃烧过程中所需氧气一般是从空气中直接获得的，1 Nm^3的沼气完全燃烧所需要的最少空气量为沼气的理论空气需要量。由于实际燃烧过程往往受某些条件的限制，沼气和空气不可能混合得十分均匀，空气中的氧气也不可能全部参加反应。所以为了使沼气完全燃烧，实际供给的空气量通常要比理论空气需要量大一些。

2）车用生物燃气：国际上的生物燃气工程开始由热电联供向车用燃气转变。而随着使用天然气作为车用燃气的车辆的增加，人们对车用燃气的需求呈急剧上升趋势。瑞典、德国、瑞士、法国和荷兰均是近年来沼气利用进展突出的国家。例如，瑞典是全球率先开发车用生物天然气的国家，其首都斯德哥尔摩从2003年起开始使用以生物燃气为动力的公交车，目前已占到所有运营公共汽车的1/3以上，居世界领先地位。该市的目标是，到2025年全市所有的公共汽车都使用清洁能源。而随着我国改革开放的逐步深入、经济的迅猛发展、城市化进程的不断推进、汽车数量的不断增加，使汽车尾气污染问题越来越严重，也引起人们越来越多的重视。我国推出了天然气汽车，以天然气为燃料具有燃烧充分、资源丰富、安全可靠、低污染、低成本等特点，使得天然气汽车能够得以有效推广。

3）生物燃气发电：沼气发电始于20世纪70年代初期，石油危机的出现使得人们认识到化石能源终有耗尽的时候，人类要想维持自己的生产生活，必须开发新的可替代能源，尤其是可再生能源，沼气发电也就随着人们对新能源的开发和利用而发展起来。沼气发电是将沼气用于发动机上，并装有综合发电装置以产生电能和热能，它是一种有效利用沼气的重要方式。

5.3.2　沼气发电技术研究进展

沼气发电是当今世界结合保护环境和节约能源于一体的一项新型技术，它主要利用城乡居民的一些生活垃圾，以及工业、农业、畜牧业等所产生的一些废弃的有机物，通过在一定控制条件下发酵处理之后所生成的沼气，然后燃烧沼气产生的大量的热量进而驱动沼气发电机组进行发电，发电机组在运行过程中必然会产生大量的热，与此同时也可以将这部分热反过来用于沼气的生成，使整个过程的热利用率达到 80%左右。

在发达国家，沼气发电已经被广泛关注，最早使用沼气进行发电的国家有德国、丹麦等。在沼气发电设备方面，德国、丹麦、奥地利、美国的纯燃沼气发电机组比较先进，气耗率≤0.5 m^3/(kW · h) （沼气热值≥25 MJ/m^3），价格在 300~500 美元/(kW · h)，而 2016 年德国的污水处理场通过沼气发电 14.5 亿 kW · h。此外，国外学者已对沼气应用的经济潜力等方面进行了广泛的研究，认为沼气应用技术的提升可以提高沼气企业的经济性，对于不同的沼气原料，可以通过对不同的电力容量和牲畜的粪便以及混合物的几种组合的经济表现进行分析，从而确定对于给定的电源容量经济上最优的选择。且由于沼气发电项目具有一定的经济效益和投资可行性，使得其在一些国家已被作为推广和研究重点。相比经济性，沼气项目的循环经济模型在减少温室气体排放、减轻污染和增加就业等方面也发挥了重要作用。

我国的沼气发电研发始于 20 世纪 80 年代初，当时，我国的一些科技型的企业、高校以及研究机构都开始在沼气发电领域的研究中投入大量的人力物力，来对其进行深入的研究。在该行业范围内，逐步组建起了一支支研究水平强的技术团队，与此同时，所对应的科研机构、制造基地也逐步诞生，随着行业的不断发展、技术水平的逐渐成熟，也为沼气发电技术后期的发展奠定了良好的基础。由于技术水平的不成熟，我国最早使用的沼气发电机组主要是由柴油机改造而成的双燃料发动机。目前，国内 0.8~5000 kW 各级容量的沼气发电机组均已先后鉴定和投产，主要产品有全部使用沼气的纯沼气发动机和部分使用沼气的双燃料沼气-柴油发动机。在“九五”“十五”期间研制出了 20~600 kW 的纯燃沼气发电机组系列产品，气耗率为 0.6~0.8 m^3/(kW·h)（沼气热值≥21 MJ/m^3），价格在 200~300 美元/(kW·h)，其性价比有较大的优势，适合我国的经济发展状况。这些机组各具特色，各有技术上的突破和新颖结构，已在我国部分农村、有机废水、垃圾填埋场的沼气工程上配套使用。近十几年，由于农村家庭责任制、大中型的工厂化畜牧场的建立及环境保护等原因，我国的沼气发电机已向两极发展。农村主要向 3~10 kW 沼气发电机方向发展，而酒厂、糖厂、畜牧场、污水处理厂的大中型环保能源工程，主要向单机容量为 50~200 kW 的沼气发电机组方向发展。

5.3.3 沼气发电相关理论

沼气发电的基本工作原理是：由内燃机把沼气的化学能经过燃烧过程转变成热能，并经过相应的传动装置再转变成机械能，最后由发电机把机械能转变成电能。每立方米的沼气，在 0.1 MPa（一个标准大气压）、0℃的情况下，理论发热量为 23~27 MJ，能使功率为 1 kW 的内燃机工作 1.5 h，能发电约 1.25 kW·h，相当于 0.6~0.7 kg 的汽油和 0.83 kg 的标准煤的发电量。沼气发电是一个系统工程，沼气发电热电联产的项目热效率因发电设备的不同而不同，使用余热锅炉并补燃能够使热效率维持在 90%以上，使用燃气内燃机的热效率维持在 70%左右。

发电机性能是决定发电效率的关键，沼气发动机对沼气气质的要求比天然气发动机更高，要求更低的污染物浓度。其具有以下特点：①清洁、污染少。沼气中含有少量的硫化物，经气体预处理后硫化物的含量已经降到很低的水平，基本上不会对环境造成影响，而构成煤炭有机质的元素除了碳、氢、氧、氮和硫外，还有极少量的磷、氟、氯和砷等。煤炭燃烧时，氮会在高温下转变成氮氧化合物和氨，以游离状态析出，对空气造成影响，同时还会产生 SO_2 等酸性气体随烟气排放，形成酸雨，危害动物、植物生长及人类健康。煤炭燃烧后，形成的固体废物和飞灰如果处理不好也会对环境造成影响。②高效节能、节水省地。③建设规模小、建站灵活、工期短。

一般来说，一个完整的大中型沼气发电工程的工艺流程包括原料收集、原料预处理、厌氧消化、出料的后处理、沼气发电等。

1）原料收集：沼气发电需要有充足、稳定的原料供应，这也是厌氧消化工艺的基础。原料收集的方式不同，原料的质量也会存在差异。

2）原料预处理：原料中常混杂有生产作业中的各种杂物，预处理可以减少原料中的悬浮固体含量，便于用泵输送及防止发酵过程中出现故障，而且预处理还可以根据需要做好原料进入消化器前进行的升温或降温工作。

3）厌氧消化系统：厌氧消化是一个复杂的过程，此步骤的合理操作有助于得到 CH_4 和 CO_2 比例含量适中、杂质较少的沼气。

4）出料的后处理：处理出料的方式多种多样，最简便的方法就是直接施入农田或排入鱼塘当作肥料使用，考虑到施肥的季节性和单位面积的施肥限制等因素，这类工程需要养殖场周边有足够的农田、鱼塘和植物塘等，以便能够完全消纳厌氧发酵后的沼渣、沼液，使沼气利用工程成为生态农业园区的纽带。

5）沼气发电系统：将厌氧消化过程产生的沼气进行收集、净化后送入沼气发电机组，在收集、净化、输送系统上布置有温度、气体浓度、流量等测量元件，并布置有安全阀、阻火器等安全设施。进入发电机组的沼气经防爆电磁阀和调压阀进入机组气缸、由火花塞点火，混合气体燃烧做功，带动发电机发电，经变压器升压后并入城市电网，做功后的废气经机组排气口排出。

5.3.4 沼气发电设备简介

燃气发电技术的成熟工艺有蒸汽轮机发电、燃气轮机发电、燃气内燃机发电。沼气经过气体预处理系统处理后达到机组对气体的要求，可以直接进入机组进行发电，目前，在沼气发电项目中以进口品牌为主，如颜巴赫、卡特彼勒、高斯科尔、瓦克夏、道依茨等。而国内也已生产出了性价比更高的沼气发电机组系列产品，为沼气发电提供了有力的设备支持。如今成熟的国产沼气发电机组的功率规格，主要集中在24~600 kW。鉴于沼气发电广阔的发展前景，国内数家有实力的科研院所和大型企业进行了强强合作，针对市场需求开发出了不同规格的沼气发电机组系列产品。在大机组方面，胜利油田胜利动力机械集团已全面开发出了全烧沼气内燃机的沼气发电机组，并在污水处理、柠檬酸、酒精等行业应用成功。国内新一轮开发出来的沼气发电机组，已不是过去简单地改装内燃机的发电机组，在性能方面已经缩小了与国外先进机组技术指标的差距。

燃气发电机组主要涵盖四个部分：气体发动机、交流发电机、冷却系统、散热水箱。目前，国内外所使用的沼气发电机组基本都是在柴油机和汽油机的基础上改造研发的，一般大功率的沼气发电机组都是在柴油机的基础上改造的，都采用火花点火式，沼气发动机的转速为1000~1500 r/min，压缩比相比改造之前降低了25%~40%左右。根据进气方式的差异，功率也有10%~25%的降低，因此，可以对沼气发电机组所生成的废弃余热加以循环利用，从而使整个沼气发电过程的余热利用率高达80%，起到良好的节能效果。

目前在国内，燃气发电机组还是主要在原来柴油机的基础上进行改造的，重点是在原有的设计上新增火花塞点火系统，更换了一些相关的零部件，使整个燃气发电机组的运行更稳定、维修更方便、对气体质量的要求更低、成本更低。目前，国产燃气发电机组主要有胜利石油管理局动力机械厂燃气发电机组、济南柴油机股份有限公司燃气发电机组等，这些技术相对成熟的国产燃气发电机组的功率大小主要在300~1500 kW，并且重点用于沼气发电并网的研究中。

（1）发动机的选择

发动机在沼气发电过程至关重要，在选择发动机的机型和规格时，应该注意以下几个方面。

1）根据沼气产量选择合适的装机容量，避免设备闲置或沼气浪费。

功率为1000 kW左右的机组的市场占有率最高，性价比也是最高的，其维护、维修和保养费用比较低；在选用多台机组时，宜选用1000 kW左右的同一规格的机组，以降低运行费用和备件储存。在台数较少时，可以选择一台功率较小的机组。

2）发电效率高，意味着在消耗相同的燃气时能发出更多的电。

3）在线率高，意味着停机时间短，浪费的沼气少，发电量多。

气体纯净时，或者气体处理得当时，机组一个大修期可达50 000~60 000 h，一般可达30 000~40 000 h，但有些机组只达10 000~20 000 h。

4）沼气中含有微量的腐蚀性成分，会对机油造成污染，其消耗量比使用天然气时要大，机油是一种主要的消耗品，在运行成本中占有一定的份额，而不同品牌机组的机油耗量差异较大。

5）零配件价格有数倍之差，特别要注意耗材（如火花塞）的价格，这直接关系到运行费用。齐全的零配件储备可以大大缩短停机时间，增加发电量。维修队伍能否短时间到达现场，对保证运行时间至关重要。

（2）国产沼气发电机组

国内开发的燃气发动机多是在汽油机或柴油机的基础上研制开发的，较大的燃气发动机基本上都是从柴油机改制过来的，除少数高性能的燃气发动机外，大部分的燃气发动机的有效热效率都比柴油机低，冷却水及排出废气带走的热量所占的比重相对较大，综合利用这一能量可使发动机的有效热效率达到70%以上，起到较好的节能效果。济柴、胜动、潍柴等是目前国内比较领先的企业。

而由于国内燃气机的设计基本是在原有的柴油机的设计上进行修改的，主要是新增加了火花塞点火系统，更改了压缩比和部分相关零件，生产设备都采用原有的柴油机生产线，所以产品都带有柴油机的特性。

（3）国外沼气发电机组

国外知名度相对较高的燃气发动机生产商主要有瓦克夏公司、高斯科尔集团、德国曼恩集团等。

1）瓦克夏公司：一家国际知名的燃气发动机的生产商，成立于1906年，总部位于美国威斯康星州，已有一百多年的历史。瓦克夏公司制造的火花点燃气发动机和发电机系统用于气体压缩、发电、热电联供、机械驱动，输出功率为100~4800匹马力（73.5~3528kW）。热值覆盖16~35MJ/m^3范围的燃料气，气体可以选择垃圾填埋气、沼气、天然气、煤层气、石油气和丙烷。同时，瓦克夏的机组采用了米勒循环技术和稀薄燃烧技术。

瓦克夏发动机有APG、VGF、VHP、ATGL与VSG系列。APG系列的发动机和发电机组有三种：APG1000、APG2000和APG3000。每种类型都是为了满足不同需要和不同领域而设计的，所有的APG系列产品都安装了瓦克夏专利技术的控制系统ESM。

2）高斯科尔集团：是一家西班牙集团公司，1966年以来，该公司一直是船用动力设备和发动机的制造商，活跃在整个燃气发动机和联供系统领域。

新一代高斯科尔SFGLD系列机组能够在非常恶劣的工作环境下长时间高效运行，实现了电子控制负载耗油量、动转速度和负载工作量，可以在外部条件不断变化的情况下持续工作，并限制排放量。发动机可以适用各种不同性质的燃气，甚至可以在使用过程中不间断地实现燃气从天然气到沼气的转换。高斯科尔发动机配备爆震探测器和控制系统，使机器能够在恶劣的工作环境下运作，并能够有效防止爆震带来的不利影响。主要产品系列有：FGLD180、FGLD240、FGLD360、FGLD480，此系列压缩比为11:1；SFGLD180、SFGLD240、SFGLD360、SFGLD480、SFGLD560，此系列压缩比为11.8:1。

3）德国曼恩集团：世界500强企业，是世界主要卡车、客车和柴油发动机制造商之一，总部设在德国慕尼黑。其卡车品牌“斯太尔”和客车品牌“尼奥普兰”在我国已取得极大的成功。曼恩是一个欧洲领先的工程集团，在世界120个国家有约62 000名员工在商用车辆、工业服务、印刷系统、柴油发动机和涡轮机五大核心领域工作，能力全面，提供系统解决方案，集团年销售额达143亿欧元（2017年）。曼恩集团位居市场前三位，技术全面领先。曼恩发动机共有E0834、E0836、E2867、E2848、E2842等多个系列，且其功率段是依次递增的。

（4）原装进口沼气发电机组

1）卡特彼勒（Caterpillar）公司：成立于1925年，起初公司的主要产品为联合收割机、农业机械、拖拉机和平地机等。如今，公司已发展成全世界发电机组和不间断电源解决方案生产厂家之一。其机组系列有G-CM34、G3600、G3500、G3400和G3300等。

2）道依茨（DEUTZ）公司：是世界著名的柴油机独立制造厂商，由历史上著名的四冲程发动机的发明者奥托于1864年创建。目前，公司所产柴油机的功率范围为5~5500马力（1马力=735.499W），燃气机功率为250~5500马力。道依茨公司素以其风冷柴油机闻名于世，在20世纪90年代初，该公司又开发研制了崭新的水冷发动机（1011、1012、1013、1015等系列，功率范围在30~440kW），新系列的发动机具有体积小、功率大、噪声低、排放好、冷启动容易等特点。

3）GE颜巴赫（Jenbacher）公司：是全球领先的反复式燃气发动机、成套发电机组及热电双联供等发电设备制造商。GE颜巴赫的燃气发动机以其高效、低运行成本和高度可靠性闻名于世，其燃气发动机有机结合了高输出效能、低排放和低基建成本等优点。其燃气发电机组是颜巴赫（Jenbacher）燃气内燃机组，它的功率输出范围为0.25~9.5MW，可依靠天然气或各种特种燃气运行，包括火炬气、煤层气及其他替代燃料如生物质气、垃圾填埋气、木质气、污水气体和工业废气等。GE 颜巴赫以其荣获专利的燃烧系统以及先进的发动机和设备管理系统，可以帮助客户达到严格的国际排放标准，同时为客户提供高效率、耐久性和可靠性。

在超过 50 年的时间里，GE 颜巴赫在以奥地利为基地的燃气内燃机业务已被公认为在使用燃气驱动内燃机获得高效热能、电能的研发和生产领域中占据全球领先地位。GE 颜巴赫的发电功率范围为 0.25~4 MW，燃气内燃机被设计为固定式、具有连续运行能力的发电设备，并且具备高效率、低排放、耐久性和高可靠性等优点。GE 颜巴赫的燃气发动机与发电机组的市场占有率达到 35%以上，特殊气体的发动机与发电机组的市场占有率更是高达 80%。

5.3.5 沼气发电技术的开发方向

沼气是一种资源丰富而又价廉的生物质能源，利用沼气发电不但能解决边远山区居民用电难的问题，而且也为缓解商品电能供应不足的紧张局面提供了一条有效的途径。随着可再生能源越来越受到人们的重视，沼气发电系统必将会有一个良好的发展前景。目前而言，为了实现沼气发电的进一步应用，其技术开发方向主要有以下几个方面。

1. 成本控制

沼气发电燃料供应不论在数量还是在成本控制上，均有较大的不确定性。德国 95%的沼气工程采用混合原料发酵，原料保证度高，发酵原料中 47%为能源作物（多为玉米青贮）、41%为畜禽粪便、10%为有机废物、2%为工业或农业生产加工废物。我国沼气工程的原料较为单一，原料保证度低，应加强对作物秸秆、有机蔬菜的烂菜叶、杂草、餐厨垃圾等沼气发酵原料的开发利用；另外，能源作物的青贮一般采用机收后沟壕式堆积加覆盖的方法，十分简便，投资很少，应成为今后解决原料短缺的重要途径。

2. 沼气发动机产品结构调整

我国沼气发动机的开发研究主要集中在内燃机系列上，一般只是对柴油机和汽油机进行较浅层次的改装，对发动机的热工性能研究不深，在运行使用中可能会出现诸多问题，给用户带来不便，从而影响其发展进程。导致这种情况的根本原因是没有对沼气发动机进行深入的研究、技术不过关、缺乏足够的生产实践，致使发动机在运行中产生热负荷高、可靠性差、起动困难。此外，我国研制的全烧式沼气发动机一般存在燃烧速度慢、后燃严重、排气温度高与热负荷大等问题，提高压缩比、加强混合气的气流扰动、提高点火能量等均可有效加快混合气的燃烧速率。基于沼气与柴油不同的物理化学特性和沼气燃烧速度慢的特点，改善措施如下。

1）采用紊流型燃烧室，使得燃烧室内产生强度很大的紊流和尺度很小的微涡团，以提高沼气-空气混合气的燃烧速度，缩短快速燃烧期。

2）采用的气阀重叠角可以比原柴油机减少一定的曲轴转角，以防止排气管“放炮”。

3）选用国外公司的高能点火系统，并在原机装喷油嘴的位置安装火花塞，以适应沼气发动机热负荷高及高点火能量的要求。

4）采用电子调速器以保证良好的调速性。

3. 减少沼气发动机有害排放物

沼气成分复杂，其主要成分是甲烷，但是不可避免会含有一定量的 H_2S、水蒸气、O_2、CO_2等杂质气体，在后续沼气发电过程中，需要对其燃烧进行发电，CO_2 和水蒸气会阻碍沼气的燃烧，水蒸气还会在沼气输送过程中冷凝，从而导致管道的堵塞；H_2S 具有极强的腐蚀性，在输送过程中会对管道、发电机组、仪器仪表造成强烈的腐蚀，进而影响设备的使用寿命。为此，可以从以下几个方面来减少沼气发动机有害物质的排放。

1）对进气进行处理，尤其是脱硫处理。

2）加装后处理净化装置。

3）适当地提高压缩比，实际压缩比与发动机制配气相位、速度和负荷大小有关，提高实际压缩比、压缩温度和压力，有利于提高混合气的燃烧效率，缩短燃烧时间，降低沼气消耗率，使混合气充分快速地燃烧，减少有害排放物的生成，且沼气中甲烷含量高，具有很好的抗爆性能，所以压缩比可大幅度提高；但是，过高提升压缩比会导致 NO_x 的排放增加，且对发动机缸体强度提出了很高的要求，因而不利。

4. 使用对象

我国农村许多地方如牧区、海岛、偏僻山区等高压输电有困难，形成无电地区，而这些地区却不缺乏生物质原料。在农村因地制宜地发展沼气发电适合于我国的国情，可取长避短就地供电。虽然沼气发电技术在一些大的工程项目中有大量的应用实例，但是基于一家一户的微型沼气发电机系统至今还是一个空白。为了解决偏僻地区人民用电难的问题，就要考虑到农村的实际情况，即适用装机容量小的微型沼气发电机，普通家庭只需 0.5 kW 左右，甚至更小；此外，还需要考虑有关经济状况。因此，微型沼气发电机系统也是沼气发电技术的重要开发方向。

5.4　典型工程

5.4.1　典型沼气工程

利用厌氧发酵技术将生物质转化为沼气，是解决能源和环境问题的有效途径，具有重要的经济和社会效益。沼气工程是指以有机物厌氧发酵为中心，集沼气生产、资源化利用和污染治理为一体的系统工程。根据沼气工程的功能、生产目标与周边环境可以将沼气工程分为能源生态型和能源环保型两大应用模式。

1. 典型能源生态型沼气工程介绍

能源生态型沼气工程是指以沼气工程技术为纽带，将养殖业、种植业等有机结合在一起，通过各单元之间的合理连接，实现物质循环利用和能量梯级利用，达到农业生产的生态化和可持续化的工程应用模式。能源生态型沼气工程要求周边配套有较大面积的农田、鱼塘、植物塘等自然资源，用以消纳沼气工程发酵的残留物沼液和沼渣。能源生态型沼气工程是一种理想的工艺模式，由于后处理过程比较简单，因此投资和运行成本均较低，综合效益较高。

欧洲农场沼气工程、我国户用沼气工程及部分畜禽粪便沼气工程等都属于典型的能源生态型沼气工程。而农场沼气工程按规模大小又可以分为分散式农场沼气工程和集中式农场沼气工程。分散式农场沼气工程以单一农场为单元，以农场自有的发酵原料进行能源生态建设，一般规模相对较小，单位效益相对较低。集中式农场沼气工程以多个农场为组成单元，将一定区域内相邻的农场畜禽粪便和其他有机废物，收集、运输到一处沼气工程点进行集中处理，具体工艺介绍如下。

（1）农场沼气工程的工艺流程（见图 5-14）

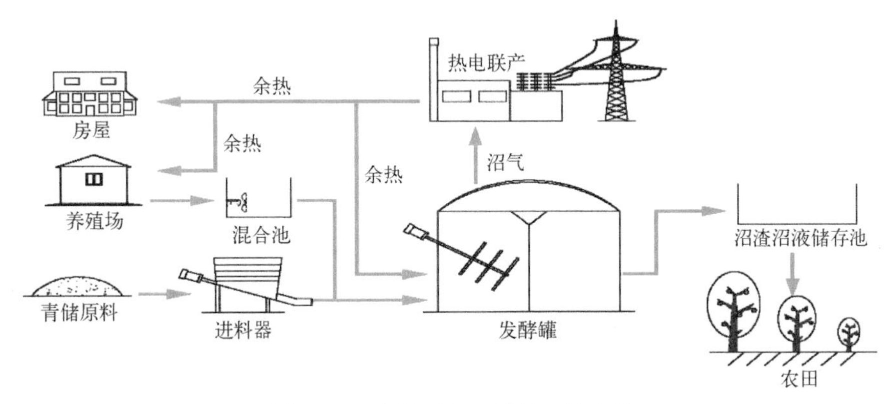

图 5-14　农场沼气工程的工艺流程

（2）农场沼气工程的技术特点

1）发酵原料。

目前，农场沼气工程的发酵原料主要以畜禽粪便、能源植物及有机废物为主，畜禽粪便包括牛粪、猪粪和鸡粪；能源植物主要是玉米，其他植物如青贮饲草、紫花苜蓿、三叶草、向日葵、甜稷、苏丹草也变得越来越重要；而有机废物包括食品与农产品加工废物、市场废物、少量市政垃圾有机物等。

农场沼气工程以获取能源为主要目的，一般以混合原料发酵为主，少量采用单一原料发酵。能源植物、有机废物等与畜禽粪便混合发酵能保证系统稳定，而只采用能源植物或有机废物发酵，沼气工程的运行便会很困难，系统的缓冲能力较低，产气反应会被回流液中盐或氨氮抑制，系统容易失去稳定性。混合原料是农场沼气工程的主要发酵方式，欧洲的沼气农场工程多为混合原料发酵，而我国、印度等亚洲国家的农场沼气工程多为单一畜禽粪便原料发酵，能源植物及能源植物与其他有机物混合发酵的农场沼气工程还基本没有。

德国作为农场沼气工程发展较好的国家之一，其农场沼气工程发酵原料主要是能源植物、畜禽粪便和有机废物。很少的农场沼气工程采用单一能源作物作为发酵原料，大约有94%的农场沼气工程采用混合原料发酵，发酵原料以畜禽粪便为主，牛粪或猪粪等畜禽粪便一般占混合发酵原料的50%~80%，能源植物及其收割残余物、有机副产品、农产品食品加工废物等作为最常用的发酵补充原料。由于玉米秸秆的甲烷产量高，青草具有成本低的特点，是农场沼气工程最常用的能源作物。

2）发酵工艺条件。

从发酵装置类型上看，农场沼气工程一般采用完全混合式厌氧反应器、推流式反应器或其组合工艺。我国的农场沼气工程除了采用上述工艺外，部分也采用升流式固体反应器。而德国、奥地利和丹麦的农场沼气工程大多采用全混合发酵工艺，热电联用为主要的沼气利用形式。美国的农场沼气工程多采用推流式发酵工艺，这类沼气装置多数采用半地埋式、上部用复合橡胶袋覆盖，主要用于处理干清粪式的粪污。

从发酵物料浓度上看，欧洲的农场沼气工程发酵物料浓度多为 10%左右，而我国的农场沼气工程发酵物料浓度多为 6%以下。

从发酵温度上看，欧洲的农场沼气工程由于实现了热电联产，发酵温度以中温为主，少数高温发酵。为了提升沼气装置的卫生效果，一些新建设的沼气工程多数采用高温发酵，HRT 在 5 天以上，这样有利于对人畜共患病菌的消毒和杂草种子的灭活。德国和奥地利的农场沼气工程，90%以上采用中温（35～38℃）发酵。德国有大约 9%的沼气工程采用高温发酵（55℃）；奥地利只有 3%左右采用高温发酵，另有 3%左右采用一级高温、二级中温的组合发酵。而我国的农场沼气工程以常温发酵为主，随着政府对可再生能源支持力度的不断加强，许多先进的沼气工程技术已经在大量的新建沼气工程中应用，实现了中温发酵。

从水力停留时间上看，德国的完全混合式工艺的水力停留时间多在 20～25 天，推流式工艺的水力停留时间多在 50～55 天。而我国的完全混合式工艺的水力停留时间多在 10～20 天，推流式工艺的水力停留时间多在 15～20 天。

从搅拌方式上看，欧洲的农场沼气工程一般采用机械搅拌。早期的沼气工程多采用快速潜水推进式搅拌，目前，低速搅拌逐渐成为发展趋势。在奥地利的新建沼气工程中，54%采用低速浆式搅拌器，9%采用长轴式搅拌器，7%采用快速潜水推进式搅拌器。大约 55%的消化池采用 1 个搅拌器，目前趋势是采用两个（大约 42%）甚至 3 个搅拌器（大约 3%）。而我国的沼气工程一般采用水力回流搅拌，随着沼气工程装备化水平不断提高，一些高效的新型机械搅拌装置已在多处新建沼气工程中应用。

2. 典型能源环保型沼气工程介绍

能源环保型沼气工程是指以沼气工程技术为手段，将废物污染治理与能源获取有机结合，实现污染治理与废物资源化利用的工程应用模式。能源环保型沼气工程是以废物污染治理为主、能源获取为辅的系统工程。该模式以污染治理的环保达标排放为最终目标，需要深度处理，工程和运行的费用较高。但由于采用沼气发酵工艺可以回收一定数量的沼气作为能源，并通过沼气发酵又去除了部分污染物，这比单纯使用好氧曝气的方法来处理污染物更节能。城市生活有机垃圾沼气工程、有机废水与污水处理系统剩余污泥沼气工程等均属于典型的能源环保型沼气工程。

城市生活垃圾（MSW）中包含了大量的可生物降解的有机物，包括厨余垃圾、庭院垃圾和农贸市场垃圾等有机物，因其高水分、高油脂、高盐分以及易腐发臭、易生物降解等特点，不宜直接填埋和焚烧。而采用厌氧发酵产气技术处理有机垃圾，能够充分利用其高含水率与高有机质含量的特性且能够有很高的废物处理效率，不仅解决了环境问题，还可以产生沼气作为能源来利用，同时获得了有机肥料和土壤改良剂，因而在世界能源紧缺的时代，此技术具有非常广阔的应用前景。

MSW 厌氧发酵处理包括 4 个阶段：预处理、厌氧发酵、沼气净化回收和消化残余物处理。有机垃圾厌氧发酵流程如图 5-15 所示。垃圾在进入厌氧发酵系统之前，需要适当地预处理以获得均质原料，包括垃圾破碎及非消化性原料（玻璃、金属和碎石等）的分选等，一般包括人工分选和机械分选两种类型，分选效果的好坏对厌氧发酵效果和肥料质量的影响很大。厌氧发酵是整个垃圾沼气工程的核心，根据原料的浓度、发酵温度、发酵阶段和进料方式分为不同的工艺。厌氧发酵回收的沼气通过净化处理后可以用作居民燃料、发电、车用燃料等。发酵残余物主要是作为肥料应用或填埋处理。由于不同国家的垃圾组分、收集方式、经济水平等存在较大差异，采用的厌氧发酵工艺也多不相同。

据统计，截至 2016 年底，全国沼气用户已达到 4380 万户，全国规模化沼气工程已发展到 11.31 万处。在规模化沼气工程中，日产气量超过 5000 m^3 的特大型沼气工程 51 处，大型沼气工程 0.72 万处，中型沼气工程 1.07 万处，小型沼气工程 9.52 万处。

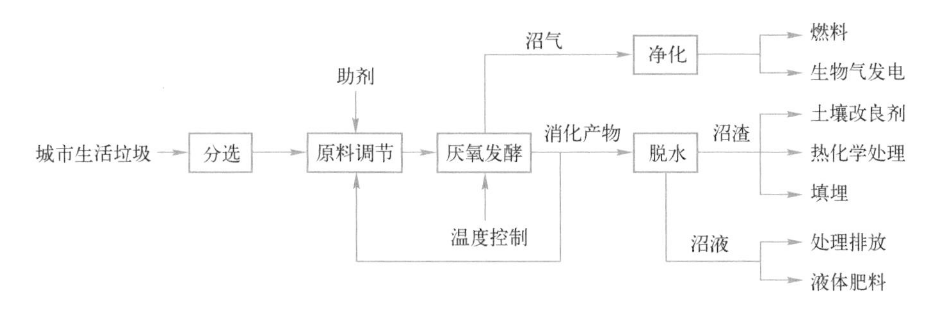

图 5-15　城市生活垃圾厌氧发酵工程

5.4.2　典型沼气净化工程

1. 瑞典的 Laholm 沼气厂

Laholm 沼气厂建于 1992 年，最初的目的是消减该地区水域的富营养化问题。该沼气厂不仅处置了牲畜粪便和大量有机废物，还通过混合消化产生了沼气和生物肥料。2000 年以前，该厂产生的沼气通过地下管线直接提供给 2 km 外的加热站。加热站可以为 300 户家庭供热，天然气可以作为其备用燃料供冬季等热需求紧张的时候使用；但当夏季供热需求很低时，会有将近 40%的沼气被白白燃烧掉。2000 年，该厂进行了技术改造，对沼气进行了提纯处理，通过除硫、除 CO_2 和添加 5%~10%的丙烷，使之等同于天然气。提纯后的沼气中甲烷含量为 95%~98%，CO_2 含量为 2%~5%，仍利用原来的管道运送至加热站，并另外安装了一条沼气管道，将其连接到当地的低压天然气管网系统，当热负荷降低的时候，大量的提纯沼气就会被注入天然气管网，输送到市区。通过沼气厂与天然气网络的互通，提高了沼气的利用率，也增加了销售收入。

Laholm 沼气厂利用牲畜粪便与工业有机废物混合消化，有效地解决了该市海岸地区的富营养化问题，明显减少了氮元素的散漏，产生的沼气每年可替代 18 GW · h 天然气，减少 CO_2 排放 3700 t。沼气除了用于市区工业和居民取暖外，还有一部分输送至郊区的一所加气站用作汽车燃料，因此还降低了当地粉尘及碳氢化合物的排放。该厂将沼气提纯后与天然气管网互联，可以使沼气的利用率达到100%。

2. 深圳市下坪垃圾填埋场5000 Nm^3/hr 沼气提纯制CNG项目

深圳市下坪垃圾填埋场5000 Nm^3/hr 沼气提纯制CNG项目由中国水业集团旗下附属企业——深圳市利赛实业发展有限公司承建并实施。2005年，下坪垃圾填埋场填埋气收集综合利用项目开始建设，该填埋场每天处理生活垃圾4000 t，覆盖该市的罗湖、福田及盐田等区域。在填埋场处置生活垃圾的过程中会产生沼气，因为沼气中含有硫化氢，所以附近居民经常会闻到臭味。下坪垃圾填埋场填埋气制取民用天然气改扩建项目采用全薄膜密封覆盖法，将每块薄膜间焊接密封，边缘埋入土中并用水泥浇筑密封，使得填埋气抽取率达到了90%以上。该沼气提纯项目于2014年开始建设，一期工程于2015年6月建成并调试运行，处理规模为5000 m^3/h 填埋气体。

随后，该项目将垃圾填埋气通过离心风机抽采，经过加压、冷冻脱水、粗脱硫塔、活性炭塔、精脱硫塔、过滤装置、热量回收系统、催化脱氧系统、变压吸附式脱碳装置等一系列技术工艺（工艺流程见图5-16），将填埋气进行资源化和无害化处理。运行至今，制取产品气甲烷含量可达95%以上，高出相关标准6%。每年减少碳排量达到72万t，相当于种植了2400 hm^2 森林，各项数据目前位居全国第一。

5.4.3 典型沼气发电工程

1. 德国典型沼气发电工程

(1) KleinSehweehlen 沼气发电工程

KleinSehweehlen 沼气发电工程位于德国柏林郊区的一家农场，2006年建成

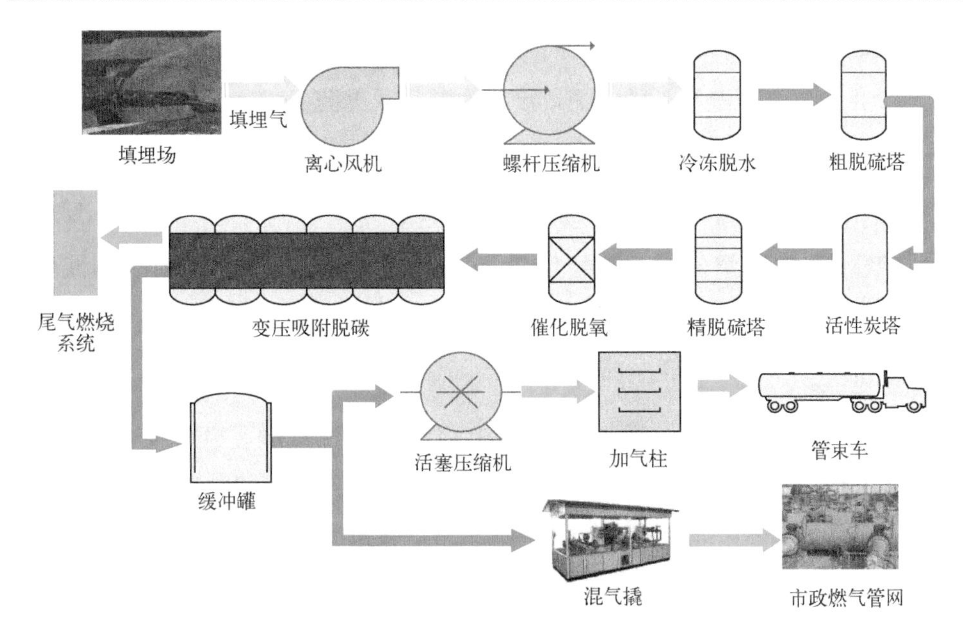

图 5-16　沼气提纯工艺流程

并运行。该工程采用两步湿发酵工艺，发酵原料为玉米青贮、谷物、干草和牛粪，实现热电联产发电装机容量为 350 kW。

固体原料经进料机器搅拌均匀后进入水解酸化池，液体原料由泵泵入水解酸化池，池中设有潜水搅拌器将原料搅拌均匀，并有加热系统，使得池中料液温度保持 25℃，水里停留时间为 2~3 d。同时添加化学脱硫剂进行原位脱硫水解酸化后料液经切割泵进入一体化连续搅拌罐反应器（CSTR）内进行厌氧发酵。发酵周期为 30 d，池内料液 TS 为 6%，池内设有加热系统，使得料液温度保持 40℃，产生的沼气经反应器顶部储气膜暂存后进入发电机组发电。其发电量的 6%~7%由农场自用，多余的并入电网。剩余的沼气通过火炬燃烧，产生的沼渣、沼液外运作为肥料施用于附近农田。

（2）Radeburg 垃圾及废水处理工程

Radeburg 垃圾及废水处理工程于 1999 年建成，该工程用于处理 Radeburg 市 10 万居民的生活垃圾及生活污水，发电总装机容量 1 MW，实现了废物的减量化、资源化和能源化利用。其中，生活垃圾采用厌氧湿发酵处理，生活污水采用好氧处理。

对 Radeburg 市经分类的生活垃圾依次粉碎、灭菌后进入预处理仓处理，预处理时产生的废气经过填料滤池过滤后排放，预处理后的垃圾在 CSTR 反应器中进行混合发酵。产生的沼气进入膜式储气柜储存，一部分回流用于 CSTR 反应器中料液搅拌，其余沼气用于发电上网，发酵后料液进入缓冲罐暂存，固液分离后得到的沼渣进一步堆肥处理后作为农用肥，沼液与生活污水一同经好氧处理后达标排放。

总体来说，德国的沼气工程普遍采用“混合厌氧发酵、沼气发电上网、余热回收利用、沼渣和沼液施肥、全自动化控制”的技术模式，该模式的实施可实现发酵原料的全方位综合利用，并通过电、热以及沼液和沼渣的外售给工程带来收益；在原料方面，沼气发酵原料多样化，多以玉米青贮为主，通常采用 CSTR 湿发酵工艺；沼气工程配套设备与技术装备先进，如进料设备、搅拌设备、脱硫设备、沼气存储设备、热电联产成套设备等相对优良，且自动化程度高。

2. 国内沼气发电工程

1）2011 年 9 月 26 日，中粮集团有限公司开工建设了当时世界上最大的单体沼气发电项目——中粮肉食江苏梁南垦区沼气项目。该项目为中粮肉食（江苏）有限公司梁南垦区 20 万头生猪养殖场粪污处理而建设，总投资 8000 万元。本项目日产沼气 17000 m^3，年发电量 1200 万 kW · h。该项目拥有当时国内同行 5 项之“最”：装机容量 3000 kW，为世界上最大的单体沼气发电项目；日处理粪污 1500 t，为全国最多；单体发酵罐容积 500 m^3，为全国最大；采用的全封闭粪污传输管道 11 km，为全国最长；同时也是沼气发酵行业采用新技术最多的项目。在中粮肉食江苏有限公司梁南垦区养殖场，用粮食加工饲料喂养生猪，产生的粪污进行生物发酵产生沼气、沼渣和沼液，沼气用于发电上网，沼液和沼渣还田种植粮食再生产饲料。实现了资源的循环利用，突显了循环经济的发展思想，形成了生态的良性循环和企业的可持续发展。

2）江苏大丰畜禽粪污无害化处理及沼气综合利用项目：江苏省盐城市大丰区建立了整套畜禽粪污无害化处理及沼气综合利用项目，该项目包含原料预处理系统，厌氧发酵制沼气，沼气脱硫、脱水与储存，沼气发电、余热利用及放散火柜，沼渣、沼液处理（站内沼液储存）等整套系统。原料以畜禽粪污为主，鲜畜禽粪污 500 t/d（TS>20%）、养殖场冲洗污水 500 t/d（TS 约为 0.8%）。厌氧消化罐进料总 TS>10%。日产沼量约 25 000 万 m^3，沼气中甲烷含量≥55%，脱硫后 H_2S 含量≤200 mg/Nm^3（厨房用气 H_2S 含量≤20 mg/Nm^3），O_2 含量≤20.5%。燃气发电机组总装机容量 3 MW，单台燃气发电机组效率≥40%，沼气发电机组余热利用系统热效率≥44%，燃气发电机组烟气排放标准达到相关国家和行业标准。站内沼液储存池有防臭、防蚊蝇措施。

3）江苏大丰申丰奶牛场大型沼气工程：此工程属于农业部 2015 年第一批超大型生物燃气项目，位于江苏省大丰市上海牛奶集团（大丰）海丰奶牛场，由江苏上电清能生物能源有限公司承建，项目日产气量 20 000～25 000 m^3，于 2016 年 3 月开工建设，2017 年 12 月正式投产使用。该项目使用的原料主要为牛粪及垫料木屑，发酵罐 TS 浓度为 5%～6%，发酵罐日进料量为 100 m^3/d，发酵罐有效总容积为 19 500 m^3，发酵罐负荷为 2.85 kg/(m^3·d)，在水力停留时间（HRT）为 20 d 时，产气量为 20 000～25 000 m^3/d，沼渣产量为 133 t/d，TS 产气率为 0.3 m^3/kg，容积产气率达 1 m^3/(m^3·d)，所产生的沼气中甲烷含量为 55%～60%，经脱水和三级脱硫系统脱硫后，由两台 1000 kW 热电联产发电机发电，2018 年该项目年总产气量 6 301 788 m^3，厌氧产气运行时间为 7562 h；发电量 11 101 859 kW·h，发电机组利用时间为 5550 h。2019 年全年产气 6 419 398 m^3，厌氧产气运行时间为 7703 h；发电量 12 598 992 kW·h，发电机组利用时间为 6299 h。

第6章　生物质耦合燃煤发电

燃煤发电是我国主要的发电形式，燃煤发电装机容量约占我国发电装机总容量的60%左右。而生物质作为一种清洁的可再生能源，不仅能够替代一部分煤粉在锅炉炉膛中燃烧发电，缓解石化能源短缺问题，亦能在燃烧过程中减少特征气体污染物的生成，满足减排的需求。燃煤与生物质耦合发电是目前较为高效、清洁的利用生物质的技术路线，也是《电力发展“十三五”规划》重点推荐的技术路线。

6.1　生物质耦合燃煤发电概述

生物质耦合燃煤发电一方面能够充分利用可再生、储量巨大的生物质资源，另一方面又能够降低化石资源的消耗并能促进碳减排，目前已引起了国内外的高度重视。

6.1.1　生物质耦合燃煤发电国内发展概况

2018年6月，国家能源局和生态环境部联合发布《关于燃煤耦合生物质发电技改试点项目建设的通知》（国能发电力［2018］53号）文件，其中确定了包括23个省（自治区或直辖市）在内的84个技改项目试点，总投资133.8688

亿元，每年消纳生物质1327万t。其中，生物质气化耦合燃烧项目共55个，消纳生物质688.7万吨/天（t/a）；生物质锅炉蒸汽耦合项目1个，消纳生物质22.0万t/a；农林废物入炉掺烧项目2个，消纳农林废物40.8万t/a；常规生物质电厂处理生物质15.0万t/a。因而，生物质燃煤混合发电技术将成为生物质燃料发电的主要方式。

我国早期开展的生物质耦合发电以直接掺烧为主，目前国电宝鸡第二发电有限责任公司、华电国际十里泉发电厂、宝应协鑫生物质发电有限公司、丰县鑫源生物质环保热电有限公司等已建有多个生物质掺烧示范项目。其中，华电国际十里泉发电厂混燃秸秆发电项目一直处于亏损状态，而国电宝鸡第二发电厂300MW机组由于没有电价补贴政策、成型设备检修维护频繁、运行成本高，掺烧生物质系统已停止运行。生物质气化和热解与燃煤锅炉耦合发电技术目前尚处于探索阶段。总体上，直接混燃系统较简单、投资小，但存在生物质掺烧量难以计量、生物质电量难以确定以及掺混方式对入炉前预处理要求各异等缺点。此外，生物质直接混燃发电系统的制粉系统和给料系统的燃料适应性较差，对于燃料处理和燃烧设备的要求较高，不是所有燃煤发电厂通用。并联混燃主要指燃煤产生蒸汽与生物质产生蒸汽耦合发电，即纯燃生物质锅炉产生蒸汽，送入原燃煤锅炉再热器内或送到汽轮机低压缸耦合，利用原汽轮机发电。这种混燃发电方式下生物质锅炉效率低，蒸汽系统复杂，投资造价高，应用极少。

间接混燃则是生物质气化耦合燃煤发电技术，指将生物质在气化装置中生成燃气，再将燃气送入大型燃煤锅炉中燃烧，利用已有汽轮发电机组进行发电的技术。按照耦合位置进行分类，主要包括蒸汽侧、电力侧和燃烧侧。蒸汽侧方式指将生物质独燃产生的蒸汽送入燃煤汽轮机，电力侧方式是将生物质独燃发电与燃煤发电同时并网。燃烧侧耦合发电包括直接将经预处理后的生物质送入燃煤锅炉混燃和间接将气化后的生物质送入燃煤锅炉混燃两种方式。其中，燃烧侧耦合发电方式中生物质经气化后间接送入燃煤锅炉混燃，具有发电效率高、发电电量监测与监管容易等优点。生物质与煤粉耦合燃烧对酸性气态污染物排放均能有所降低，碳排放也会降低，但由于生物质中钾和氯的含量明显高于原煤燃料，易出现出口灰尘颗粒排放超标、换热面积灰、结渣严重以及燃烧设施腐蚀等问题，且生物质掺烧对锅炉运行的影响程度与生物质种类及掺烧比例直接相关。生物质耦合发电能够很好地解决上述问题，这是因为富含 CO、H_2和 CH_4的气化合成气不仅可以增强燃烧区的还原气氛，减少 NO_x 污染物排放，同时能够显著降低炉内烟气中的飞灰含量，降低出口灰尘排放、换热面积灰和结渣程度，还能促进燃烧区煤粉的燃烧，提高锅炉燃烧及运行的稳定性。

生物质合成气与燃煤机组耦合发电是符合我国当前国情的一种关键发电技术，这种耦合发电模式不仅可以解决我国目前面临的能源短缺问题，减轻对化石燃料的依赖，而且耦合效果好、运行风险低、环保优势和经济效益显著。生物质耦合燃煤发电弥补了生物质单独燃烧发电效率的不足，也降低了纯煤燃烧发电炉膛出口的不完全燃烧热损失，实现了这两种燃料的优势互补。且生物质和垃圾在常规燃煤发电厂进行耦合发电时，若直接与燃煤掺烧并发电，则投资比常规发电项目要低；若采用气化、蒸汽耦合等形式，则投资与常规发电项目相当。因此，生物质耦合燃煤发电技术对我国能源结构的优化及能源的高效利用具有指导性意义。

6.1.2 生物质耦合燃煤发电国外发展概况

早期一些发达国家如美国、英国、丹麦、芬兰等已开展了发电机组容量在 50~700 MW 的生物质与煤混合燃烧发电技术应用，生物质来源以农作物秸秆、生活源可燃固体废物、废弃木料及污泥为主。其中，丹麦是欧洲发达国家中最早推行秸秆等生物质发电项目的国家，在以传统生物质为基础的发电技术中，开发出了与煤炭耦合的发电技术，并应用于中小型发电机组。荷兰鹿特丹的 MPP3 电厂在容量为 2×1100 MW 超临界机组上，采取生物质耦合燃煤锅炉发电，当掺烧比例为 30%时，发电效率大于 47%，经过改造后该机组目前已投入使用。

英国是目前世界上采取生物质混烧技术较多的国家，共有 16 座大型火电厂进行了生物质混烧发电，其中 13 座为总容量超过 1000 MW 的大型燃煤火电厂。混烧生物质燃料有木材废料、木材颗粒、秸秆、棕榈壳、稻壳、污泥等，个别项目将生物质燃料与燃煤预混后送入磨煤机研磨，再通过送粉系统进入炉膛燃烧。有的项目改造为纯烧生物质燃料，将磨煤机更换为生物质研磨机，将煤粉燃烧器更换为生物质燃烧器，改造后可以实现生物质燃料的 100%燃烧。其生物质燃料以废木材颗粒为主，来源为英国国内及周边国家的木材加工厂。如 Drax 电厂改造的 6×660 MW 机组，其采用单独生物质处理与燃烧的耦合生物质发电厂，经多次改造后，发电机组的掺烧比例可以达到 60%。

芬兰有些发电厂将生物质送入生物质气化炉中进行气化，产生的煤气送入煤粉炉中燃烧，实现生物质与燃煤的掺烧。生物质燃料包括木质生物质、切割和板材废物、回收的垃圾（如旧轮胎、切碎的塑料等）以及泥煤等。芬兰的 Oy Alholmens Kraft 电厂在 550 MW 循环流化床锅炉中采用多种生物质与煤混合燃烧，生物质可以以任何比例与煤实现混合燃烧。

欧洲这些电厂采用生物质耦合发电得益于欧洲有全世界最大的碳排放交易市场，这些电厂采用生物质替代燃煤后减少碳排放可获得巨大的收益；同时，欧洲有些国家从能源综合利用的角度考虑对这些项目进行了补贴，保证电厂运行的经济性。

6.2　生物质耦合燃煤发电原理

生物质耦合燃煤发电技术是将经预处理后的生物质送入到气化炉中发

生气化反应产生可燃合成气体，可燃合成气体经净化处理后通过燃烧器进入锅炉与煤耦合燃烧，利用燃煤电站发电系统实现高效发电的技术，可燃成分主要由 CO、H_2和 CH_4等组成。其中，在锅炉炉膛中生物质气与煤粉、一次风、二次风等充分混合燃烧，给水加热生成高温、高压的水蒸气，推动汽轮机叶片做功，带动发电机产生电能。由于气化炉出炉燃气温度较高，为650~850℃，无法安全经济地直接进入锅炉炉膛，故需将燃气冷却至400℃左右再送入炉膛，降温后的生物质气通过输送管道及加压系统，随后送入煤粉锅炉燃烧室与煤进行混合燃烧。生物质燃气与煤混合燃烧耦合发电系统原理如图 6-1 所示。在该系统中，循环流化床气化炉（CFB）、燃气降温系统、燃气加压输送系统、生物质燃气耦合燃烧系统是关键的技术环节。

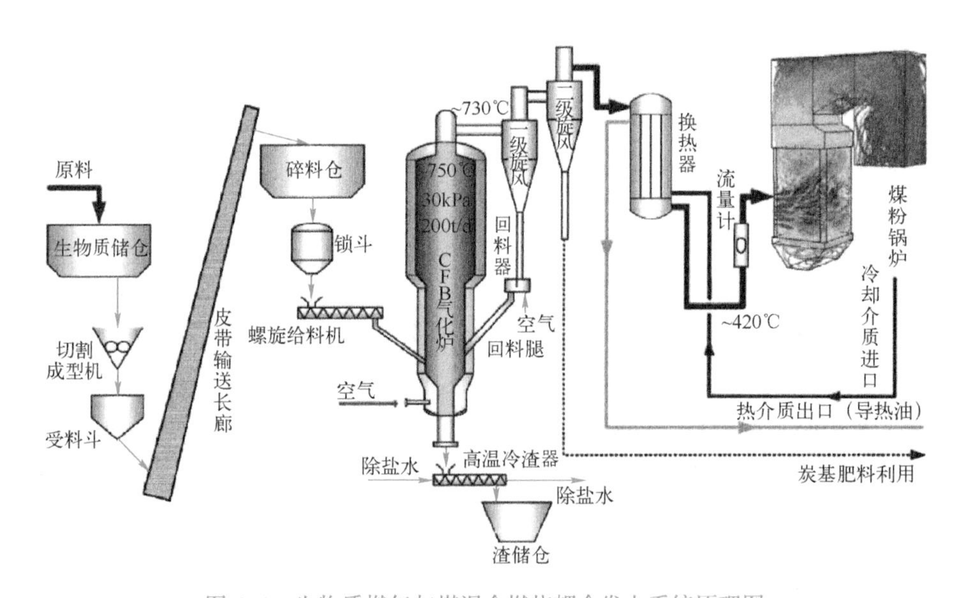

图 6-1 生物质燃气与煤混合燃烧耦合发电系统原理图

6.3　生物质耦合燃煤发电技术

目前，国内外生物质耦合燃煤发电技术已非常成熟，在原料预处理系统、燃烧系统、烟气处理系统以及工艺优化、相关装备开发等方面已开展了大量工作，本节将重点围绕生物质耦合燃煤发电工艺、特点与装备等方面进行讨论。

6.3.1　生物质耦合燃煤发电工艺流程

按照工艺流程进行划分，生物质耦合系统包括生物质原料处理系统、生物质气化炉、燃气降温系统、燃气加压输送系统、燃气成分监测及计量系统、生物质燃气耦合燃烧系统，以及相应的电气、电控、热工保护及吹扫系统等。图 6-2 是生物质燃气与煤混合燃烧耦合发电工艺流程图。

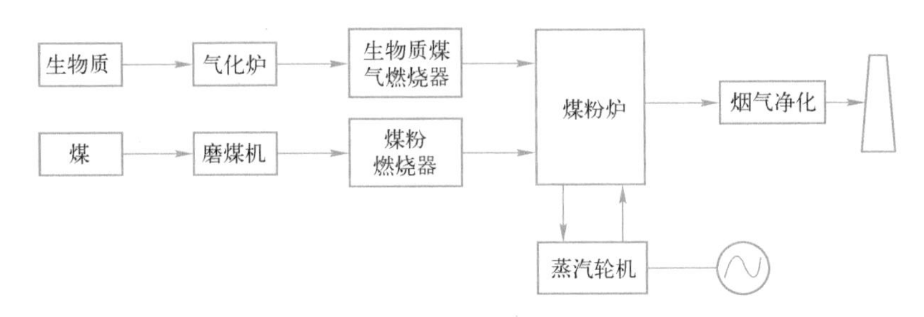

图 6-2　生物质燃气与煤混合燃烧耦合发电工艺流程图

6.3.2　生物质耦合燃煤发电工艺特点

生物质耦合燃煤发电技术的发展有助于实现生物质的大规模利用，改善生物质燃料特性，降低掺烧生物质对锅炉运行性能的影响，其主要采用气化预处理方式获得生物质合成气，再将生物质合成气通入燃煤锅炉中与煤粉进行混燃。

因此，生物质与煤耦合燃烧可以充分地依托各地区现有燃煤发电厂设备，仅需对生物质气化装置部分进行适当投资，而且可以就近取材，降低了原材料的运输成本，能够适应生物质原料分布分散、季节性的特点。

与其他燃烧发电方式相比，生物质耦合燃煤发电技术的优点如下。

1）避免了直燃过程原料处理、燃料输送，解决了直燃锅炉炉内结渣与受热面腐蚀等问题。

2）农业生物质气化后与煤混燃发电对现有锅炉影响小、设备改动小，可应用于不同容量、不同形式的燃煤锅炉，运行灵活性较高。

3）生物质气化炉具有广适性，适用于不同种类的生物质原料。

4）可将生物质灰在通入炉膛之前进行分离与回收，煤灰成分不受影响，提高了灰渣的综合利用水平。

另外，耦合发电设备的灵活性较高，对现有燃煤锅炉进行轻微改动即可投入使用，因此建设周期短，且具有较少的投资成本。该发电技术对于生物质原料适用范围广，能够综合利用各种资源，解决了一次能源的供需平衡问题；同时重点突出生物质资源的清洁应用，耦合燃烧可以有效分离生物质灰和煤灰，提高了灰渣的综合利用率，对解决煤直接燃烧造成的空气污染问题也有一定的改进。相比直燃发电技术，生物质耦合发电技术难度较低，简单易操作，国内外均具有较为丰富的实操经验，通过总结经验，提高现有技术的成熟度，生物质耦合发电将会是未来电厂转型的新方向。

6.3.3　生物质耦合燃煤发电装备

在生物质耦合燃煤发电系统中，生物质气化炉是核心设备，其中常用的两种是固定床和流化床，固定床适用于小型气化系统，流化床适用于大中型气化系统。依据炉内气体的流动方向，固定床具有下吸式、上吸式、横吸式和开心式四种炉型，具体工作原理如图 6-3 所示。下吸式气化炉的结构较简单、工作稳定，可随时开盖添料，出炉可燃气中焦油杂质含量较少。对于上吸式气化炉，燃气在上吸式气化炉内经过热解层和干燥层时进行热量的多向传递，在这一阶段伴随着物料热分解和干燥过程的发生，降低了燃气自身的温度，上吸式气化炉的结构简单、运行方便、气化效率高、气体热值高、含尘量低。横吸式气化炉通过单管进风喷嘴高速吹入空气，形成一个高温燃烧区，温度可达 2000℃，这类气化炉生产强度高，适合气化较难燃烧的生物质物料。对于开心式气化炉，生物质物料和空气由炉顶进入，反应温度沿反应截面分布均匀，气、固两相同向流动有利于焦油的裂解，因此生物质燃气中焦油含量较低。

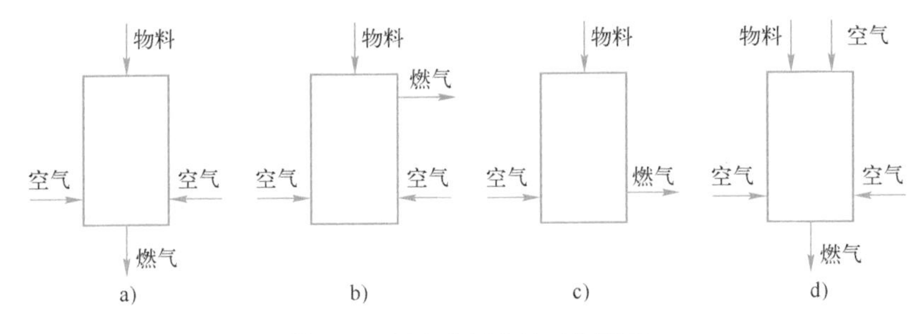

图 6-3　固定床气化炉工作原理

a）下吸式　b）上吸式　c）横吸式　d）开心式

流化床气化炉的生物质物料中含有部分惰性颗粒，物料与气化剂接触充分且受热均匀，在炉内呈“沸腾”状态，因此反应速度快、效率高，焦油在流化床内裂解成气体，所以焦油含量较低。流化床气化反应易于控制，在 30%～120%负荷范围内可稳定运行，近年投运的大中型气化系统多采用常压循环流化床（CFB）气化炉。CFB 气化炉由下部、上部和尾部三个部分组成，并配有耐热防磨内衬，具体结构如图 6-4 所示。气化炉下部主要是炉膛区域，炉膛自下而上依次为风室、布风板、风帽、密相区、一次 CFB 悬浮段。密相区和一次 CFB 悬浮段是发生燃烧与气化反应的主要区域。气化炉上部主要是二次 CFB 悬浮段和 CFB 气化炉炉顶，二次 CFB 悬浮段能够保证气化反应充分。气化炉尾部主要为气化炉旋风分离器（见图 6-5），气化炉旋风分离器下部回料返回至气化炉下部密相区。旋风分离器内部同样设有耐温防磨内衬。CFB 气化炉采用床下油点火或天然气点火，在进风室的风道内布置了轻柴油点火燃烧器，正常运行时，气化炉炉膛温度始终控制在700~730℃，并通过控制气化风量使炉膛区域内呈现高温少氧环境，生物质经干馏热解及化学氧化反应后产生含有CO、H_2、CH_4等气体成分的生物质燃气。燃气能在炉膛内停留5~6 s，保证高气化效率，然后高温燃气夹带固体粒子进入气化炉旋风分离器进行气固分离。气化炉排渣采用干式排渣，有两个排放点。一个是正常运行中的主要排渣点，位于气化炉下部密相区；另一个是分离器下部设置的旁路排放装置，属于备用和辅助排放点。

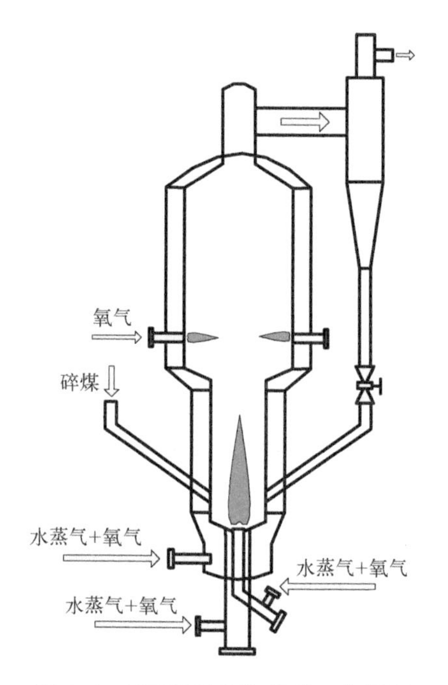

图6-4 循环流化床气化炉工作原理

燃气降温系统的主要设备是高压换热器，用于将气化炉产生的700~730℃燃气温度降至400~420℃。高压换热器换热介质通常选用燃点在450℃以上的导热油，由于目前国家对导热油产品标准的不确定性，生物质燃气降温系统导热油可以同导热油生产厂家定制。高压导热油换热器置于生物质气化炉之后，加热后的高温导热油靠循环油泵的压头在液相状态下，强制输送至吸热设备，当

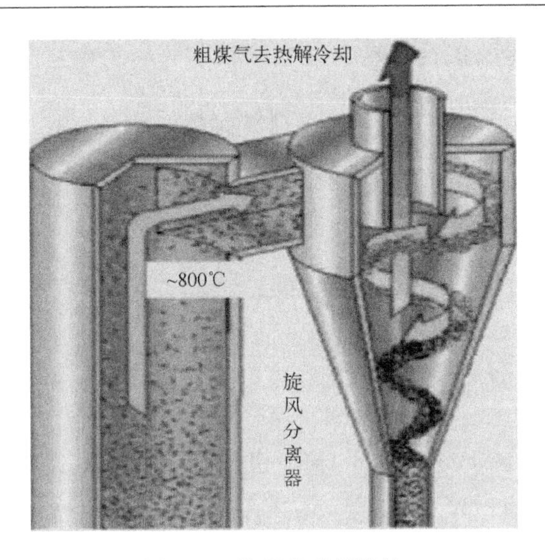

图 6-5　旋风分离器结构

高温导热油在换热设备释放热能后，沿回路经循环泵继续进入高压导热油换热器加热，连续循环。换热设备既可以用作加热锅炉给水或冷凝水的换热设备，也可以是加热热风的换热设备。

生物质气化炉生产的燃气经降温后温度通常在 400～420℃，因此，燃气加压输送系统的关键设备是能够满足 500℃或更高温度条件下的加压风机，为保证安全的冗余度，可以选择满足输送介质温度 550℃或 750℃的加压风机。另外，由于燃气进入炉膛的喷入点数量、位置的差异，为避免各点燃气量的不均衡波动，燃气进入炉膛前会采用有均压、稳压的措施，同时要考虑阻挡回流的止回流措施。当采用母管均压、稳压时，燃气经加压风机压后送入母管，母管将燃气输送到炉前设置的支管，最后燃气通过支管被送入炉膛内进行燃烧，在这样的管线输送设计中，进出母管的支管都应安装专门设计的止回阀。

生物质燃气几乎不含灰分，因而耦合燃烧器采用炉膛前墙布置或前后墙对冲布置的旋流结构，助燃空气采用锅炉二次风。耦合燃烧器在锅炉布置位置的选择上，需要根据耦合生物质燃气的气量、炉膛燃烧区的变化等因素进行合理设计。对于 300 MW 及以上机组，当生物质燃气耦合率小于煤粉锅炉的 5%时，则不需要对锅炉水冷壁进行改动。在我国目前开展的生物质气耦合发电示范性建设项目中，生物质燃气耦合率基本都在5%以下。

6.4 典型工程

1. 芬兰 Lahti 电厂

芬兰 Lahti 电厂位于芬兰南部 Lahti 市，鉴于政府碳减排指标和燃煤耦合生物质发电政策，该电厂于1998年开始采用生物质气化与煤粉混烧耦合发电技术。该电厂容量为200 MW，主要采用低热值和高水分的生物质燃料，包括树皮、锯末、木屑、木材废料、板材废物、回收的垃圾（可再生燃料）、旧轮胎、切碎的塑料和其他可燃废弃燃料，燃煤采用芬兰自产的泥煤，掺烧生物质的比例约为30%。该电厂生物质气化采用循环流化床锅炉，通过气化间接混烧生物质比例约占总输入热量的15%，CFB 年运行7000 h，生物质燃料年取代燃煤量约为6000 t，每年减少CO_2排放量10%、NO_x排放量5%、SO_2排放量10%、粉尘排放量30%，最终NO_x浓度为30 mg/m^3，SO_2浓度在60~75 mg/m^3，粉尘浓度为15 mg/m^3。该电厂在运行过程中不断调整生物质燃料与泥煤的比值，以提高生物质燃料利用比率。

2. 芬兰 Kymijarvi 电厂

芬兰 Kymijarvi 电厂采用芬兰 Foster Wheeler 能源公司的 CFB 空气气化技术，系统结构如图6-6所示。生物质原料在气化器中，经过常压、800~1000℃条件转化成低热值燃气，燃气携带床料、部分转化燃料及飞灰进入分离器。分离器为下排气式，其中燃气离开分离器，固体颗粒分离后由返料管返回反应器床层下部，底渣在反应器下部由水冷螺旋出渣机排出。离开分离器的燃气下行流入集成在其后的烟道式空气预热器（空预器）。该空预器为同心套管式，内外管内分别为燃气和气化空气，可以将空气预热至 300℃，燃气冷却至 650～750℃。随后，燃气由管道直接经位于主燃烧器以下的两台气体燃烧器进入锅炉燃烧。

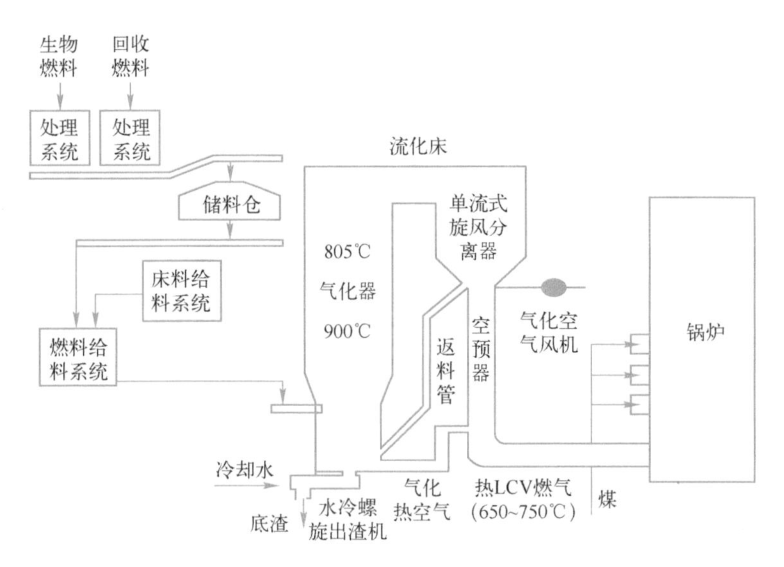

图 6-6　芬兰 Kymijarvi 电厂间接耦合发电系统结构

该发电系统设计燃料为垃圾回收材料，实际运行燃料为垃圾回收材料掺混约 80%的木质生物质。入炉燃料尺寸<5 cm，含 20%～60%的水分和 1%～2%的灰分，无需干燥。气化系统输出为 45～70 MW_{th}，其变化主要取决于燃气热值，即燃料的组成和水分。在设计条件下，燃气热量在锅炉总输入热量中约占 15%，运行时燃气热量占比最高可达 30%。对气化系统和锅炉性能、污染物排放及其环境影响的系统评价表明：气化器及燃气系统性能可靠，可用率>96%；机组运行参数与设计值非常接近；燃气燃烧器在水冷壁上的大开口对直流锅炉蒸发受热面的水动力安全性无影响；气体燃烧器对高水分低值燃气的组成及热值变化有良好的适应性；虽然燃气中含有灰尘及碱金属等，但对锅炉性能几乎没有影响，不会出现异常积灰或腐蚀；燃气共燃对机组大气污染物排放的影响极小，CO 排放无变化，NO_x 生成量降低，颗粒物排放质量浓度降低，SO_2 生成减少，HCl 排放质量浓度有所升高。芬兰 Kymijarvi 电厂间接耦合发电系统运行稳定，技术经济性良好，对灰渣质量和污染性无负面影响，不影响灰渣的综合利用。

3. 比利时 Ruien 电厂

比利时 Ruien 电厂 5 号机组采用了与芬兰 Kymijarvi 电厂相同的间接耦合发电技术进行改造。该机组的气化及燃气系统与芬兰 Kymijarvi 电厂主要有以下两点不同。

1）气化燃料多为清洁的木质生物质，如新鲜木片及树皮、回收木片。

2）因锅炉四周空间有限，燃气管道和气体燃烧器依据数值模拟进行设计和布置，两台气体燃烧器分别安装在两侧墙煤粉燃烧器以下，但偏离锅炉的几何中线。

其中，燃气热值为 3～4 MJ/m^3，额定容量 50 MW_{th}（17 MW_e）/共燃率 9%热量。

4. 芬兰 Vaskiluoto 电厂

芬兰 Vaskiluoto 电厂采用 Valmet Power Oy 公司的 CFB 空气气化系统，沿用了芬兰先进的生物质 CFB 气化技术，但气化炉容量更大（140 MW_{th}）。与芬兰 Kymijarvi 电厂气化系统相比，除分离器为上排气的传统型式外，燃气系统基本一致。由于共燃率高（设计值为 25%热量），气化燃料入炉前需要先经过带式干燥机干燥，以降低燃料水分变化引起燃气组成和热值变化对锅炉燃烧及运行的影响。该机组燃料为清洁木质生物质（林业剩余物），气化系统具有良好的运行性能，可用率达 99%；燃气燃烧不影响锅炉运行，且能够显著降低机组的污染物排放；气体燃烧器的布置开孔不影响直流锅炉水冷壁的水动力稳定性和热偏差；生物质原料中 Cl 和碱金属部分进入锅炉，但在 50%共燃率下长时间运行锅炉也未出现腐蚀现象。

5. 奥地利 Zeltweg 电厂

奥地利 Zeltweg 电厂生物质气化再燃系统的 CFB 气化器及其燃气系统为自行

设计，选择空气为气化剂，利用循环流化床技术气化柴木，生成的生物质燃气与烟煤在锅炉中共同燃烧，已有超过 5000 t 的生物质被气化和燃烧。其主要特点如下。

1）气化燃料为树皮和木片，属于清洁燃料，不需要干燥。

2）生物质部分气化，燃气中含有大量的细焦和飞灰颗粒。

3）燃气不经冷却，由管道直接送入锅炉以再燃的方式混烧，燃气燃烧器无需额外空气。

4）气化空气来自锅炉空预器。

气化器输出设计为锅炉入炉热量的 3%，但随着燃料水分的变化，气化器输出会在 5~20 MW_{th}变化。该气化炉及燃气系统运行可靠，低值燃气及焦颗粒以再燃方式可完全、稳定燃烧，锅炉运行性能和排放几乎不受影响；燃气再燃显著降低了 NO_x 排放质量浓度，选择性非催化还原脱硝系统喷氨量减少了 10%~15%。

6. 芬兰 Oy Alholmens Kraft 电厂

芬兰 Oy Alholmens Kraft 电厂位于芬兰的 Pietarsaari 市，2002 年投入商业化运行，是混燃生物质的循环流化床电厂。该电厂循环流化床燃料以生物质（木材残渣：树皮为 1：1）与泥煤混合物为主，10%重油和烟煤为辅（在启动时使用）。循环流化床炉膛横截面的长为 24 m、宽为 8.5 m，流化床高为 40 m。CFB 锅炉容量为 550 MW（热功率），蒸发量为 702 t/h，蒸汽参数为 16.5 MPa/545℃，最大发电量为 240 MW · h，蒸汽量为 160 MW。采用流化床锅炉技术，能够使用颗粒尺寸不均一、含水量高或品质不稳定的生物质燃料，实现了生物质资源与煤炭资源的混合利用以及稳定的能源供应。

7. 湖北华电襄阳发电有限公司

2018 年，湖北华电襄阳发电有限公司生物质气化耦合发电#6 机组（640 MW

燃煤机组）项目秸秆制气试验成功，各项参数均达到了设计要求，这是我国第一个利用农林秸秆为主要原料的生物质气化与燃煤耦合发电项目。项目新建一台循环流程床气化炉（负压运行）及其附属设置，燃料消耗量为 8 t/h，其中 50%为稻壳，50%为生物质成型燃料，年可消纳生物质原料 5.14×10^4 t，系统年利用小时数为 5500 h。其设计发电平均电功率为 10.8 MW（按热效率折算），生物质发电效率超过 35%，年供电量可达 5.458×10^7 kW·h，相当于节省标煤约 2.25×10^4 t，减排燃煤所产生的 SO_2 约 218 t，减排温室效应气体 CO_2 约 6.7×10^4 t。项目形成“生物质—高温燃气—电—还田”的循环经济产业链，可以解决秸秆田间直焚问题，具有显著的生态环境效益。

8. 大唐吉林长山热电厂

2019 年，由哈电集团哈尔滨锅炉厂有限责任公司总承包的国家首台 660 MW 超临界燃煤发电机组耦合 20 MW 生物质发电示范项目顺利通过了 168 h 的试运和性能考核试验，各参数均达到了设计要求，最大负荷达到 25 MW。性能试验结果表明，该机组气化炉折合发电功率达到 20 MW，气化燃气热值为 5551.5 kJ/kg，气化炉产气率为 1.85 Nm^3/kg，气化效率为 76.14%，厂用电率为 2.24%，压块秸秆正压气化的效率和系统耗电率指标均达到了较高水平，标志着国家首个生物质耦合发电示范项目获得圆满成功，对推动哈电锅炉新旧动能转换、拓展新产业新领域具有重要意义。大唐长山项目投入使用后，每年大约消耗生物质秸秆 10 万 t，实现生物质发电 1.1 亿 kW·h，相当于节省了标准煤 4 万多吨，减排 CO_2 约 14 万 t。该项目的特点是，使用以秸秆为主的燃料，燃气经一级旋风分离、二级旋风除尘净化，冷却至 400℃送入锅炉燃烧。

第7章　生物质制氢及氢能发电

长期依赖化石能源造成了严重的资源与环境问题，氢气是理想的清洁能源之一。目前，从化石资源中制取氢气已初具规模，但并不能满足可持续发展的要求。以可再生的生物质资源为原料，通过化学法或生物法制氢，与时代的发展相吻合。

7.1　生物质制氢

生物质制氢技术从技术手段上分，可以分为化学法制氢和生物法制氢两类。

7.1.1　生物质制氢概述

1. 生物质制氢简介

氢气的燃烧只产生水，能够实现真正的“零排放”，被誉为21世纪的绿色能源。相比于目前已知的燃料，氢的单位质量能量最高，其热值达到143 MJ/kg，约为汽油的3倍，而且氢的来源广泛。鉴于化石能源的不可再生性及其造成的环境污染问题，特别是目前化石资源渐趋枯竭，利用可再生能源制氢已成为当务之急且将是氢能发展的长久之计。

生物质制氢技术与风能、太阳能、水能的不同之处在于生物质制氢技术不仅可以有生物质产品的物质性生产，还可以参与资源的节约和循环利用。例如，气化制氢技术可以用于城市固体废物的处理，微生物制氢可以有效处理污水，改造治理环境。微生物发酵过程还能生产发酵副产品，如重要的工业产品辅酶Q，微生物本身又是营养丰富的单细胞蛋白，可用于饲料添加剂等。

此外，生物质能是唯一可存储和运输的可再生能源。且生物质的组成与常规的化石燃料相似，它的利用方式也与化石燃料类似，常规能源的利用技术无需做大的改动，就可以应用于生物质能。生物质以其可再生、产量巨大、可储存、碳循环、低污染物排放等优点，有望成为一种很有前途的氢源。因此，从1966年利用生物制氢的想法最先被提出开始，到20世纪70年代能源危机的爆发，生物质制氢的实用性和可行性得到了人们充分的重视，人们为此做了大量的工作。主要集中在两个方面：一是寻找产氢量高的微生物和生物质原料；二是致力于产氢工艺的研究，从而使生物制氢技术不断地向实用化阶段发展。

2. 生物质制氢国内发展概况

近几年来，国内科研单位在生物质制氢方面取得了明显进展。中国科学院广州能源研究所提出了循环流化床气化合成制氢技术路线；东南大学提出了串联流化床零排放制氢技术路线；中国科学院工程热物理研究所提出了生物质直接制氢技术路线；中国科学院山西煤炭化学研究所提出了超临界法制氢技术路线；西安交通大学着重于太阳能催化水解生物质及超临界水制氢方面；天津大学着重于生物质的流化床快速热解-催化蒸汽重整制氢方面；哈尔滨工业大学进行了流化床快速热解及生物法制氢等方面的研究。此外，中国科学院大连化学物理研究所、华东理工大学、浙江大学、河南农业大学等单位也取得了一些特色性的研究进展。下面就几个有代表性的单位加以介绍。

中国科学院广州能源研究所（生物质热化学转化实验室）的催化制氢技术路线，以循环流化床和固定床为反应器，用白云石和镍基粉末作催化剂，以制取富氢气为目标。白云石在流化床内作为床料和催化剂，镍基催化剂放置在流化床出口的固定床反应器内。结果表明，H_2 体积含量大于50%，C2组分降低到1%以下，气体产率可达到3.31 Nm^3/kg 生物质，氢产率可达到130.28 g/kg 生物质。

西安交通大学动力工程多相流国家重点实验室在超临界水气化制氢和太阳能催化水解生物质制氢方面做了不少工作。例如，以生物质为原料，利用镍基合金制作的连续管流反应器，在反应器壁温为650℃、压力为25 MPa的条件下进行超临界水气化制氢研究。实验结果表明，气体产物中 H_2 体积份额为41.28%；生物质颗粒小有助于 H_2 的产生，反应器壁面对生物质气化有明显的促进作用。在太阳能催化水解生物质制氢方面，重点研究了太阳能光解水制氢、太阳能热解生物质制氢的基础理论，研制出了2~3类高效制氢催化剂。

中国科学院山西煤炭化学研究所进行了生物质流化床转化和超临界水转化制氢过程研究。首先探讨了生物质与煤在流化床中共化加工的可行性，同时研究了以废弃生物质为原料，使用间歇式超临界水反应器，在反应温度为773~923 K、压力为15.5~34.5 MPa、停留时间为1~30 min、Ca和C摩尔比为0~0.56时，木屑生成的气体组成和产率。实验表明，Ca和C摩尔比以及温度对木屑转化的影响较大。当Ca和C摩尔比为0.48时，碳的气体转化率和氢气产率提高了近一倍。温度从773 K提高到923 K时，碳的气体转化率由47%提高到76%，氢气产率由4.5 mmol/g上升到6.9 mmol/g。与温度相比，停留时间和压力的影响不大。

浙江大学热能工程研究所开展了生物质（如稻壳、秸秆）和煤联产试验和理论的研究，用双流化床物料循环系统制取中热值燃气，在此基础上，进一步研究了生物质转化制氢技术，包括富氢气体中 CO_2 等气体的经济、高效分离措施。

天津大学在催化热解生物质制取富氢气体的研究方面提出了生物质的快速热解-催化蒸汽重整制氢技术路线，建成了以循环流化床气化反应器为主，耦合固定床为催化反应器的二级催化气化热解生物质制氢系统。并研究了运行参数、设计参数、催化剂种类对富氢气体产率、氢气体积份额的影响。结果表明，富氢气体的体积分数可达 50%~65%（具体依据生物质种类而定）。

3. 生物质制氢国外发展概况

1998 年，意大利拉奎拉大学的 S. Rapagna 等研究人员在小型的实验台上进行了生物质催化水蒸气气化的实验，装置主要由一个一级流化床反应器和二级催化固定床反应器组成。其二级反应器轮流使用水蒸气重整镍基催化剂和煅烧白云石两种不同的催化剂。当气化时间超过 3 h 时，焦油残余物略有增加，在气体入口的催化剂料层上能观察到明显的碳颗粒沉淀物。实验结果发现，镍基催化剂对于 CH_4和焦油的脱除效果尤为显著。每千克干生物质大约生成气体产物 2 m^3，其中 H_2 的体积组分高达 60%。

2002 年，日本 Tohoku 大学研究人员在超临界水环境（673~713 K 和 30~35 MPa）下，进行了一系列由生物质（葡萄糖和纤维素）和 ZrO_2（氧化锆）催化剂制取 H_2 的实验。在相同实验条件下，同时进行了在有碱性催化剂和没有催化剂的两种情况的对比实验。研究发现，在 ZrO_2 催化剂存在时，对于所有的生物质原料（葡萄糖和纤维素），H_2 产量相比于没有催化剂存在条件下约高 2 倍。

2003 年，荷兰代尔夫特理工大学的研究者在较大的温度变化范围内，调查了催化剂对生物质原料（稻壳和锯末）的热解制氢影响，研究结果如下。

1）催化剂能大幅度地提高氢产率，得到 H_2 含量在 40%~60%体积比的燃气。

2）较高的温度有利于提高产品气的产率，也有利于 H_2 浓度的提高。

3）生物质气化反应器内催化剂的建议填充量为 30%。

4）Cr_2O_3的催化能力强于其他金属氧化物，对于相同的生物质原料，Na_2CO_3的催化作用比 $CaCO_3$要强一些。

2000 年，美国可再生能源实验室利用生物质热裂解获得的凝缩蒸气（如生物油)，对之进行催化蒸汽重整制取 H_2。实验参数：温度为 825~875℃，空间速率高达 126 000 Ph，停留时间为 26 ms。通过快速裂解生成的生物油水溶产物，在 $NiPAl_2O_3$ 的催化作用下，H_2 的当量转化率高达 86.1%。由于生物油混合物的蒸汽重整容易引起催化剂的失活，实验中应用了水蒸气或 CO_2 进行催化剂的再生。考虑到催化剂的再生利用，需要固定床和流化床并联的反应器装置。

2002 年，法国和意大利研究者测试了三金属和金属三氧化物催化剂。在 CH_4 和水蒸气及 CO_2 的重整过程中，对于内装橄榄石颗粒的流化床气化炉生成的燃气，这些催化剂能显著调整燃气成分，急剧降低气体中大分子和小分子量碳氢化合物浓度。在 800℃下，利用 $LaNi_{0.3}Fe_{0.7}O_3$ 催化剂可以获得高达 90% 的 CH_4 转化率，在空间停留时间为 0.05 s 时，150 h 的反应期内没有碳生成。气化炉后的固定床反应器内的催化剂，在 800℃时能将粗燃气中 90% 重量的焦油转化，空间停留时间为 0.45 s，在此期间可以观察到催化剂表面没有焦炭形成。

2005 年，法国研究人员进行了超临界水中生物质转化制氢研究，发现焦炭和焦油是最主要的技术问题，热裂解能够提高 H_2 产量并降低产物中焦炭和焦油的含量，转化率高达 98%，气相中 H_2 比例达 50%。对产业化过程中的能量效率的分析表明，在理想状况下，考虑 H_2、CO、CH_4 等目标产物时，热力学效率达到 60%；考虑水在 28 MPa 和 740℃时的能量回收，整体能量效率可以达到 90%。这一计算方法没有考虑热损失，因此高于实际情况。

2004 年，希腊塞萨利大学研究者利用生物质制取的甲醇蒸气，选择商用的钯基氧化铝催化剂，对重整反应制取富氢气体进行了分析，特别探讨了催化剂的催化活性、类型、反应温度、H_2O/MeOH（甲醇）摩尔比、接触时间的影响。经过了长时间的实验操作发现 H_2 纯度和 H_2O/MeOH 摩尔比成正比，而甲醇即使在低温下也能完全转化。当温度接近 650℃时，能得到纯度达到 95% 的 H_2。对于固定 H_2O/MeOH 摩尔比的情况，由于热力学方面的原因，CO 浓度在温度接近 450℃时最小，因此存在一个最佳的 H_2/CO 摩尔比范围。H_2O/MeOH 摩尔比等于化学当量值值时，生成的碳很少，可以忽略，但是摩尔比低于化学当量值时，由于催化剂活性的降低，碳的生成会很快。美国夏威夷大学和天然气能源研究所合作建立了一套流化床气化制氢装置，以水蒸气为气化介质，其产品气中氢含量可高达78%。

近年来，西班牙萨拉戈萨大学和马德里康普顿斯大学对生物质催化气化进行了比较广泛和细致的研究，充分肯定了催化剂对于提升气化质量和减少焦油产出的显著影响。S. Turn等在富氧条件下研究了生物质的水蒸气气化制氢过程，在其操作条件范围内，每千克生物质产氢量可以达到60 g。1994年，W. B. Hauserman对先热解后裂化与蒸汽直接气化两种制氢方法进行了对比，结果认为两种方法都受催化剂的影响较大。2000年，H. Schmieder等研究了生物质和水及催化剂在30 MPa和600℃条件下制氢的机理，发现此时水呈现出稠密气体的特性，反应器存在容易堵塞、腐蚀等问题。2002年，Stefan Czernik的研究表明，生物质经过涡旋反应器快速热解后，其生物油再经流化床催化重整后，得到的氢气的浓度为65%。

据美国国家可再生能源实验室（NREL）向国际能源机构（IEA）提交的报告称：目前还没有运行的生物质制氢示范系统，但可以预见的是其中的部分技术路线应用前景较好。

7.1.2 生物质制氢分类及原理

目前，生物质制氢的研究主要集中在如何高效且经济地转换和利用生物质。从技术手段上分，生物质制氢技术可以分为两类，一类是以生物质为原料，利用热物理化学原理和技术制取氢气，即化学法制氢；另一类是利用生物途径转换制氢，即生物法制氢。而从物料特性来看，高温裂解和气化制氢适用于含湿量较小的生物质，含湿量高于50%的生物质可以通过细菌的厌氧消化和发酵作用制氢，有些湿度较大的生物质也可以利用超临界水气化制氢。

1. 化学法制氢

化学法制氢是通过热化学处理，将生物质转化为富氢可燃气，然后通过气体分离得到纯氢。该方法可以由生物质直接制氢，也可以由生物质解聚的中间产物（如甲醇、乙醇）进行制氢。化学法又包括生物质气化制氢、超临界转化制氢、热裂解制氢等，以及基于生物质的甲烷、甲醇、乙醇转化制氢等。某些技术路线与煤气化制氢相似，从化学组成的角度考虑，生物质中硫和灰分的含量较低，氢含量较高，应该比煤更适合于热化学转换工艺。而生物质原料质量密度和能流密度低等物理特性是实施生物质制氢技术的难点。

生物质热化学转换法制氢过程是化工过程，热化学转换可以从生物质中获得大量的可用能源（如 H_2、CO 等），提高生物质在能源领域的利用比例，并可以在生物质气化反应器固定床和流化床中进行大规模的生产，过程易于控制。

（1）生物质气化制氢

生物质气化是以生物质为原料，以 O_2（空气）、水蒸气或 H_2 等作为气化剂，在高温条件下通过热化学反应将生物质中可以燃烧的部分转化为可燃气。气化产生的气体主要有效成分有 H_2、CO、CH_4、CO_2等，要得到纯氢还需要进行气体分离。目前，生物质气化制氢需要借助催化剂来加速中低温反应。生物质气化制氢用到的反应器分为固定床、流化床、气流床气化器。

生物质气化过程中主要发生的反应如下。

1）生物质进入气化炉受热干燥，蒸发出水分（100~200℃）。

2）随着温度升高，生物质快速热裂解转化为气体、焦炭和初级焦油。

3）初级焦油通过裂解转化为气体、二级和三级焦油。

4）二级和三级焦油裂解。

5）裂解过程中形成的焦炭发生异相气化反应，气体发生均相反应。

6）焦炭的燃烧和易燃气体的氧化，裂解过程中产生的焦炭活性很高，能与

H_2O、CO_2、H_2和 O_2等反应生成气态燃料。

气化过程中经常使用的气化介质为空气、水蒸气、O_2 和水蒸气的混合气，气化介质不同，生成的燃气组成及焦油含量也不同。在以空气为气化介质时，由于燃气中含有大量的 N_2，从而增加了 H_2 提纯的难度；而在以富氧空气为气化介质时，则需要增加富氧空气制取设备。大量的实验表明，水蒸气更有利于焦油的裂解和富氢气体的产生，在以水蒸气为气化介质时，所得混合气中 H_2 体积分数可以高达 78%。

生物质气化制氢过程在生物质气化炉中发生，最常用的反应器为流化床式生物质反应器。气化过程主要是生物质炭与氧的氧化反应，与 CO_2、H_2O 等的还原反应和生物质的热分解反应，通常气化炉中经历了干燥、热解、氧化、还原四层，各层燃料同时进行着各自不同的化学反应过程。生物质气化制氢装置如图 7-1 所示。

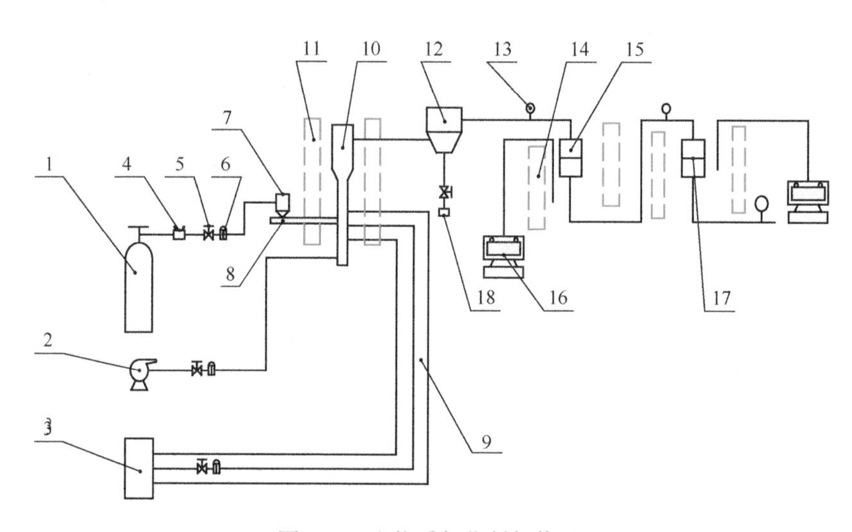

图 7-1　生物质气化制氢装置

1—氮气瓶　2—风机　3—蒸汽发生器　4—减压阀　5—闸阀　6—气体流量计　7—给料斗　8—螺旋给料机　9—热蒸汽管　10—流化床　11—电炉　12—旋风分离器　13—取样口　14—电炉　15—接触反应固定床反应器　16—温度自控器　17—接触反应固定床反应器　18—集灰器

生物质在流化床反应器的气化段经催化气化反应生成含氢的燃气，燃气中的 CO、焦油及少量固态炭在流化床的另外一区段与水蒸气分别进行催化反应，以提高转化率和氢气产率，之后产物气进入固体床焦油裂解器，在高活性催化剂上完成焦油裂解反应，再经变压吸附得到高纯度氢气。

（2）生物质热裂解制氢

生物质热裂解过程是指在隔绝空气或供给少量空气的条件下，使生物质受热而发生分解。生物质在隔绝空气的条件下通过热裂解，将占原料质量 70%～75%的挥发物质析出转变为气态；将残炭移出系统，然后对热裂解产物进行二次高温催化裂解，在催化剂和水蒸气的作用下将分子量较大的重烃（焦油）裂解为氢、甲烷和其他轻烃，增加气体中氢的含量；接着对二次裂解后的气体进行催化重整，将其中的 CO 和甲烷转换为氢，产生富氢气体；最后采用变压吸附或膜分离技术进行气体分离，得到纯氢。

在生物质热裂解过程中有一系列复杂的化学反应，同时伴随着热量的传递，根据工艺的控制不同可得到不同的目标产物，一般生物质热解产物有气体、生物油和木炭。在生物质热裂解制氢过程中，生物质被加热分解为可燃气体和烃类，且为了增加气体中氢的含量，其热解产物会被持续加热，烃类物质继续被催化裂解，最后进行气体分离。

生物质热裂解制氢装置如图 7-2 所示。

生物质由布料器进入热裂解反应器中，在下吸式反应器中进行热裂解，分解为可燃气体和烃类物质，由气体出口进入到反应器中进行第二次催化裂解，使烃类物质继续裂解，气体中氢含量增加，再经过变换反应得到更多的 H_2，然后进行气体的分离提纯。

（3）生物质超临界转化制氢

流体的临界点在相图上是气-液共存曲线的终点，在该点气相和液相之间的差别刚好消失，成为均相体系，这是介于气体和液体之间的一种特殊状态。在超临界状态下，通过调整压力、温度来控制反应环境，具有增强反应物和反应

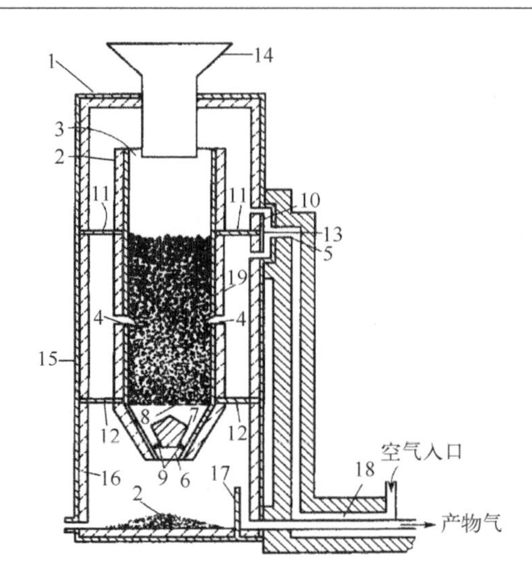

图 7-2 生物质热裂解制氢装置

1—反应器 2—下吸式反应室 3、4、5—空气入口 6—气体出口 7—红外辐射收集器 8—屏栅 9—载体 10—导管 11、12—隔板 13—空气分布阀门 14—布料器 15—外套 16—红外辐射防护层 17—凸缘 18—热交换器 19—木炭床

产物的溶解度、提高反应转化率、加快反应速率等显著优点。如当温度处于374.2℃、压力在22.1 MPa以上时，水具备液态时的分子间距，同时又会像气态时分子运动剧烈，成为兼具液体溶解力与气体扩散力的新状态，称为超临界水流体。

生物质超临界转化制氢是将生物质原料与水按一定比例混合，置于超临界条件下使其发生热化学反应，生成 H_2 含量较高的气体和残炭。超临界水是具有高扩散性、特性均匀的非极性溶剂，可以溶解生物质，使生物质超临界转换制氢过程能在热力学平衡条件下实现，其生物质原料与水的混合体系在没有界面传递限制的情况下可以进行高效率的转化，发展前景十分广阔。

超临界制氢过程可以在热力学平衡条件下实现，水和有机化合物混合体系在没有界面传递限制的情况下可以进行高效率的化学反应。因此，转化率非常高（大于90%），而且在气体组分中 H_2 的含量也相当高（达到50%）。

（4）生物质热解油水汽重整制氢

由于生物质气化会产生较多的焦油，许多研究人员在气化后采用催化裂解的方法来降低焦油的含量并提高燃气中氢的含量。生物质热解油水汽重整制氢是指利用水蒸气重整催化生物质裂解油制取 H_2，这种制氢方法的突出优点是重整制氢过程的中间体“裂解油”易于储存和运输，裂解油是在生物质快速热解过程中制取的。

与生物质直接气化相比，生物质热解油更容易通过改性和转化得到液体燃料，还能提供某些具有很高价值的化工原料和产品。目前，该方法的研究还不够深入，主要处于实验室探索性研究，但从技术上讲，以生物质裂解油为原料，采用水蒸气催化重整制取 H_2 是可行的，生物质热解油水汽重整制氢是符合大规模和经济地利用生物质资源的理想路线之一。

（5）其他化学转换制氢方法

1）基于生物质的甲烷转化制氢。基于生物质的甲烷转化制氢是指以废物及生物质为原料厌氧消化制取甲烷，再转化制氢。甲烷制氢是制氢技术中研究最多的技术之一，但目前大部分研究是针对天然气的甲烷转化制氢，也有厌氧消化产生的甲烷与天然气共重整的研究。甲烷催化热裂解制氢和甲烷重整制氢是两种主要的方式。近年来，各国研究者进行了大量的甲烷制氢的研究，采用各种新技术以提高甲烷的转化率，如利用等离子体提高反应温度、采用新的催化剂、确定最优的反应参数以及改进设备等。

2）基于生物质的甲醇转化制氢。基于生物质的甲醇转化制氢是指通过微生物发酵将生物质或废物转化为甲醇，然后通过重整制氢，主要技术有甲醇裂解制氢和甲醇重整制氢。近期的研究主要是改进催化剂的结构，以及新型催化剂的选择。如在以雷尼镍和锡（Raney Ni-Sn）这种非稀有金属作为催化剂时，可以获得跟铂金接近的催化效果，且锡还能够降低甲烷的生成量，提高氢的产量。

3）基于生物质的乙醇转化制氢。通过微生物发酵将生物质或废物转化为乙醇，然后通过重整制氢，乙醇催化重整制氢是目前制氢领域研究较为热门的技术之一。将乙醇制成 H_2 不仅对环境有利，也可以增加对可再生能源的利用，但目前此技术仍处于实验室研发阶段。乙醇催化重整制氢的研究目前主要集中于催化剂的选择和改进方面。乙醇转化效率和产氢量因不同的催化剂、反应条件以及催化剂的准备方法而有很大差异。目前在研究的乙醇蒸气重整催化剂很多，其中，Co/ZnO、ZnO、Rh/Al_2O_3、Rh/CeO_2 和 $Ni/La_2O_3-Al_2O_3$ 的效果较好，无 CO 等副产物。

4）微波热解生物质制氢。在微波作用下，分子运动由原来的杂乱状态变成有序的高频振动，分子的动能转变为热能，达到均匀加热的目的。微波能整体穿透有机物，使能量迅速扩散。微波对不同的介质表现出不同的升温效应，该特征有利于对混合物料中的各组分进行选择性加热。

5）高温等离子体热解制氢。这是一项有别于传统的新工艺，等离子体高达上万摄氏度，含有各类高活性粒子。生物质经等离子体热解后气化为 H_2 和 CO，不含焦油。在等离子体气化中，可以通过加入水蒸气来调节 H_2 和 CO 的比例。由于产生高温等离子体需要的能耗很高，所以只有在特殊场合才使用该方法。

2. 生物法制氢

生物法制氢是把有机化合物中的能量通过产氢细菌等生物作用转化为氢气的一项生物工程技术。由于生物法制氢是微生物自身新陈代谢的结果，反应在常温、常压和接近中性的温和条件下即可进行，原料来源丰富且价格低廉，可以是生物质、城市垃圾或者有机废水，制氢过程清洁、节能、不消耗化石能源，在制备 H_2 的同时净化了环境，具有废物资源化利用和环境保护的双重功效，成为国内外制氢技术的一个主要发展方向。

能够产氢的微生物主要有两个类群：厌氧产氢细菌和光合产氢细菌。在这些微生物体内存在着特殊的氢代谢系统，固氮酶和氢酶在制氢过程中发挥着重要的作用。生物制氢主要包括厌氧微生物法制氢、光合微生物法制氢、厌氧细菌和光合细菌联合产氢等工艺技术。

(1) 厌氧微生物法制氢

厌氧细菌产氢是利用厌氧产氢细菌在黑暗、厌氧的条件下将有机物分解转化为氢气。目前认为厌氧细菌产氢过程可以通过丙酮酸产氢、甲酸分解产氢、$NADH/NAD^+$平衡调节产氢等三条途径实现。丙酮酸产氢和甲酸分解产氢途径有时也称为氢的直接产生途径，即葡萄糖首先通过 EMP 途径发酵形成丙酮酸、ATP 和 NADPH；随后，丙酮酸通过丙酮酸-铁氧化还原蛋白氧化还原酶氧化成乙酰辅酶 A、CO_2和还原性铁氧还原蛋白，或者通过丙酮酸甲酸裂解酶分解成乙酰辅酶 A 和甲酸，生成的甲酸再次被氧化成 CO_2，并使铁氧还原蛋白还原；最后，在还原性铁氧化还蛋白还原氢酶的作用下使质子还原生成 H_2。

在厌氧条件下进行发酵的厌氧微生物中，存在着产氢的细菌菌种，能够发酵有机物产氢的细菌包括专性厌氧菌和兼性厌氧菌，如丁酸梭状芽孢杆菌、大肠埃希氏菌、褐球固氮菌、根瘤菌等。制氢反应有两种过程，一种是利用氢化酶进行，另一种是利用氮化酶进行。在厌氧发酵中，主要使用氢化酶制备 H_2。总的说来，产氢过程就是发酵型细菌利用多种底物在固氮酶或氢酶的作用下分解底物制取 H_2。典型的厌氧微生物发酵产氢示意图如图 7-3 所示。中间代谢物质经过还原型的 NADH 以及 Fd（铁氧化还原蛋白）的共同作用，或直接经 Fd 作用，或甲酸在氢化酶的作用下最终生成 H_2，葡萄糖到丙酮酸的途径是所有发酵的通用途径。

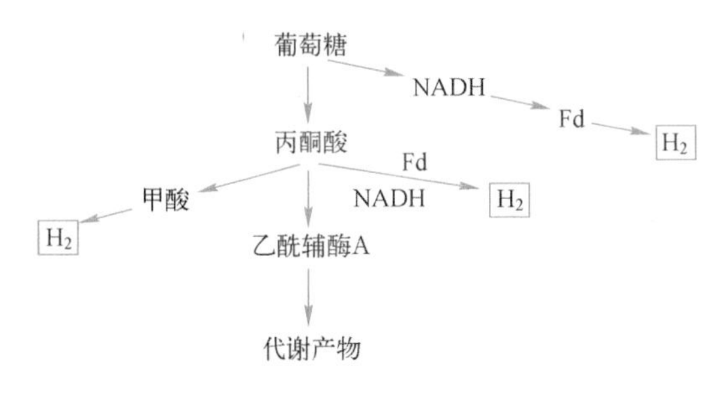

图 7-3　厌氧微生物发酵产氢示意图

（2）光合微生物法制氢

光合微生物法制氢是指微生物（细菌或藻类）通过光合作用将底物分解来制取 H_2的方法。藻类（如绿藻等）在光照条件下，通过光合作用分解 H_2O，产生 H_2和 O_2，所以通常也称为光分解水产氢途径，其作用机理和绿色植物光合作用机理相似，光合作用路线如图 7-4 所示。这一光合系统中，具有两个独立但协调作用的光合作用中心：接收太阳能分解水产生 H^+、电子和 O_2的光系统Ⅱ（PSⅡ）以及产生还原剂用来固定 CO_2的光系统Ⅰ（PSⅠ）。PSⅡ产生的电子，由铁氧化还原蛋白携带经由 PSⅡ和 PSⅠ到达产氢酶，H^+在产氢酶的催化作用下以及一定的条件下形成 H_2。产氢酶是所有生物产氢的关键因素，绿色植物由于没有产氢酶，所以不能产生 H_2，这是藻类和绿色植物光合作用过程的重要区别，因此，除了 H_2的形成外，绿色植物的光合作用规律和研究结论可以用于藻类新陈代谢过程的分析。

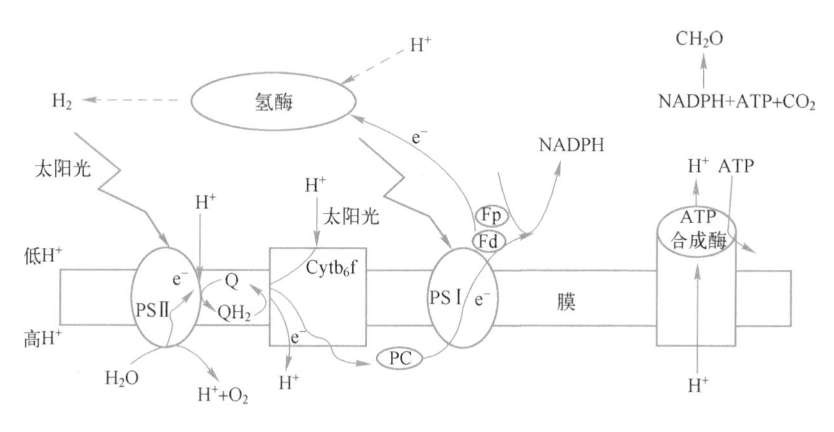

图 7-4 藻类光合产氢过程电子传递示意图

一般认为光合细菌产氢的机制是光子被捕获到光合作用单位后，其能量被送到光合反应中心，进行电荷分离，产生高能电子，并造成质子梯度，从而合成 ATP。产生的高能电子从 Fd 通过 Fd-NADP$^+$，还原酶传至 NADP$^+$形成 NADPH，固氮酶利用 ATP 和 NAD PH 进行 H^+还原，生成 H_2。失去电子的光合反应中心必须得到电子以回到基态，继续进行光合作用。

光合细菌简称 PSB（Photosynthetic Bacteria），是一群能在光照条件下利用有机物作供氢体兼碳源进行光合作用的细菌，而且具有随环境条件变化而改变代谢类型的特性。它是地球上最早（约 20 亿年以前）出现的、具有原始光能合成体系的原核生物，广泛分布于水田、湖沼、江河、海洋、活性污泥和土壤中。1937 年，Nakamura H 观察到 PSB 在黑暗中释放 H_2 的现象。1949 年，Gest 和 Kamen 报道了深红螺菌在光照条件下的产氢现象，同时还发现深红螺菌的光合固氮作用。研究表明，光照条件下产氢和固氮在 PSB 中是普遍存在的。光合细菌与绿藻相比，其光合放氢过程中不产氧，只产氢，且产氢纯度和产氢效率较高。光合细菌产氢原理如图 7-5 所示。

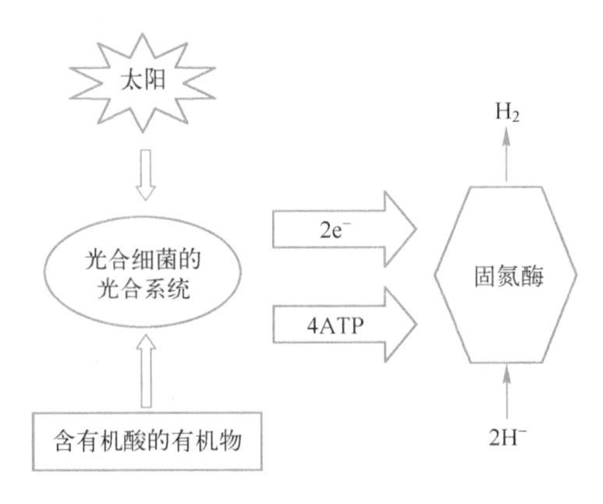

图 7-5　光合细菌产氢原理示意图

光合细菌产氢和藻类一样都是在太阳能驱动下进行光合作用的结果，但是光合细菌只有一个光合作用中心（相当于蓝藻、绿藻的光系统 Ⅰ），由于缺少藻类中起光解水作用的光系统 Ⅱ，所以只进行以有机物为电子供体的不产氧光合作用，光合细菌光合产氢过程电子传递的主要过程如图 7-6 所示。

光合细菌光分解有机物产生氢气的生化途径为

$$(CH_2O)_n \rightarrow Fd \rightarrow \text{氢酶} \rightarrow H_2 \tag{7-1}$$

以乳酸为例，光合细菌产氢的化学方程式可以表示为

$$C_3H_6O_3+3H_2O \xrightarrow{\text{光照}} 6H_2+3CO_2 \tag{7-2}$$

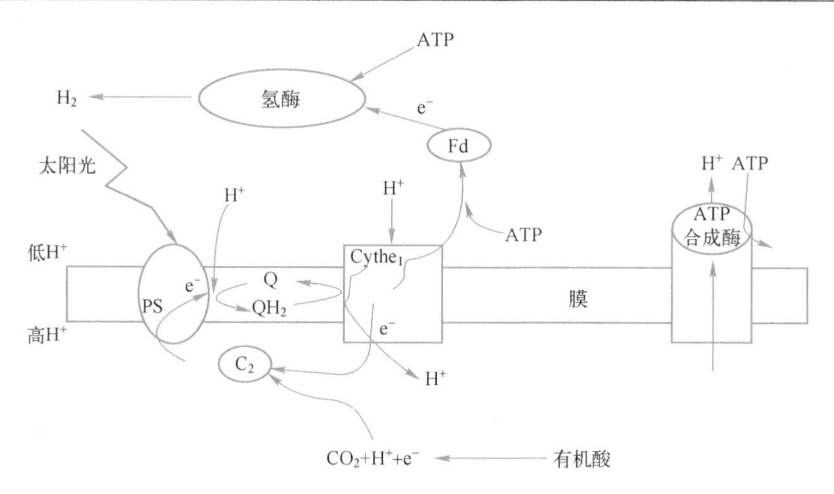

图 7-6 光合细菌光合产氢过程电子传递示意图

此外，研究发现光合细菌还能够利用 CO 产生 H_2，反应式为

$$CO+H_2O \xrightarrow{\text{光照}} CO_2+H_2 \tag{7-3}$$

目前认为光合细菌产氢由固氮酶催化，已经证明光合细菌可以利用多种有机酸、食品加工和农产品加工的废弃料液产氢，经过计算可以得到光合细菌的光转化效率接近 100%，但这一计算忽略了有机物中所含的能量。有关专家认为，在理想光照度下（低光照度），实际光转化效率要远远小于 100%，而且由于光合细菌的光合系统和藻类一样存在着光饱和效应，所以在太阳光充足的条件下实际的光转化效率更低。提高光转化效率是所有光合生物制氢技术中有待解决的问题，但光合细菌所固有的只有一个光合作用中心的特殊简单结构，决定了它所固有的相对较高的光转化效率。

（3）厌氧细菌和光合细菌联合产氢

厌氧细菌产氢和光合细菌产氢联合起来组成的产氢系统称为混合产氢途径。图 7-7 给出了混合产氢系统中厌氧细菌和光合细菌利用葡萄糖产氢的生物化学途径和自由能变化。厌氧细菌可以将各种有机物分解成有机酸以获得它们维持自身生长所需的能量和还原力，为消除电子积累产生出部分 H_2。

从图 7-7 中所示的自由能可以看出，由于反应只能向自由能降低的方向进行，在分解所得的有机酸中，除了甲酸可以进一步分解出 H_2和 CO_2外，其他有机酸不能继续分解，这正是厌氧细菌产氢效率低的原因，产氢效率低是厌氧细菌产氢的实际应用中面临的主要障碍。然而光合细菌可以利用太阳能来克服有机酸进一步分解所面临的正自由能堡垒，使有机酸彻底分解，释放出有机酸中所含的全部氢。此外，由于光合细菌不能直接利用淀粉和纤维素等复杂的有机物，只能利用葡萄糖和小分子有机酸，所以光合细菌直接利用废弃有机资源制备 H_2 的效率同样很低，甚至得不到 H_2。利用厌氧细菌几乎可以将所有有机物分解为小分子有机酸，将原料进行预处理，接着用光合细菌进行产氢，可以做到优势互补。

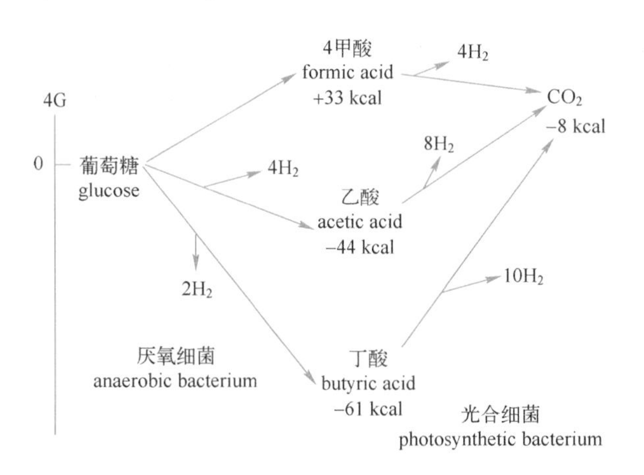

图 7-7　厌氧细菌和光合细菌联合产氢途径

7.1.3　生物质制氢工艺

由于生物质和煤在组成结构上的不同（生物质由纤维素、半纤维素、木质素、惰性灰和一些萃取物组成，具有独特的晶格结构和组织，含氧量高，挥发分含量高，其焦炭的活化性强），与煤相比，生物质在本质上具有更高的活性，更适合热化学转化制氢。生物质气化产生的气体成分主要包括 H_2、CO、CH_4、

CO_2等，要得到具有应用价值的 H_2，还需要对混合气体进行以分离为主的 H_2提纯工作。

1. 生物质热化学转化制氢工艺

（1）生物质气化催化制氢工艺

生物质气化催化制氢是加入水蒸气的部分氧化反应，类似于煤炭气化的水煤气反应。生物质气化催化制氢得到的可燃气的主要成分是 H_2、CO 和少量的 CO_2，然后借助水-气转化反应生成更多的 H_2，最后分离提纯。该方法源于以煤炭为原料的制氢工艺，但生物质的特性与煤炭相差较大，需进行重新设计和改进。该过程会产生较多的焦油，一般在气化后采用催化裂解的方法来降低焦油的含量并提高燃气中氢的含量。生物质气化催化制氢工艺流程如图 7-8 所示。

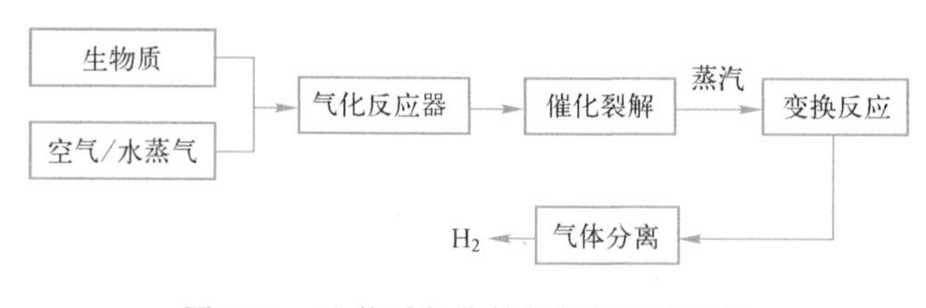

图 7-8　生物质气化催化制氢工艺流程

在气化过程中，生物质在空气或 O_2 及高温条件下被转化成燃料气。根据气化介质的不同或生物质气化反应器的不同，工艺流程也不相同。对于生物质气化产氢，按气化介质分，生物质气化技术主要有空气气化、纯氧气化、蒸汽-空气气化和干馏气化等多种气化工艺。

1）空气气化以空气为气化介质，是气化技术中较简单的一种，一般在常压和 700~1000℃下进行，由于空气中 N_2 的存在，使产生的燃料气体热值较低。生物质气化反应器可以是上吸式气化炉、下吸式气化炉及流化床等不同形式。

2）纯氧气化，该工艺比较成熟，用纯氧作生物质气化介质能产生中等热值的气体，但纯氧气化的成本较高。

3）蒸汽-空气气化比单独使用空气或蒸汽为气化剂有明显的优势，这种气化方法减少了空气的供给量，克服了空气气化产物热值低的缺点，可以生成更多的 H_2 和碳氢化合物，燃气热值得到了提高。

4）干馏气化是指在缺氧或少量供氧的情况下对生物质进行干馏，产物可燃气的主要成分为 CO、H_2、CO_2和 CH_4等，另有液态有机物产生。

可见，生物质气化过程中常用的气化剂是空气、O_2、蒸汽、O_2 和蒸汽的混合气，生物质气化一般得到的可燃气为混合气体。采用不同的气化剂，生成的可燃气体的成分及焦油含量也不同。当空气作气化剂时，得到的合成气热值低，为 4~7 MJ/m^3，且燃气中含有大量的氮，导致 H_2 提纯过程较难。使用 O_2和蒸汽的混合气作为气化剂时，得到的合成气热值较高，可达 10~18 MJ/m^3，所以蒸汽更有利于富氢的产生。

（2）生物质热裂解制氢工艺

生物质热裂解制氢是对生物质进行加热使其转化为液体、固体和气体的过程，该过程主要是为了得到较多的液相产物。快速裂解的产物主要与生物质原料的化学组成有关，如果在快速加热和快速裂解的过程中加入了水蒸气，则会产生更多的 H_2。而在快速裂解过程中，操作条件（如粒子大小、温度、加热速率、滞留时间、水碳比等）对产物形式和性质的影响也很大。

生物质隔绝空气的热裂解过程通过不同的反应条件可以得到高品质的气体产物，可以通过控制裂解温度和物料的停留时间等热裂解条件来制取 H_2。热裂解反应类似于煤炭的干馏，工艺条件温和，生物质热裂解制氢的工艺流程如图 7-9 所示。

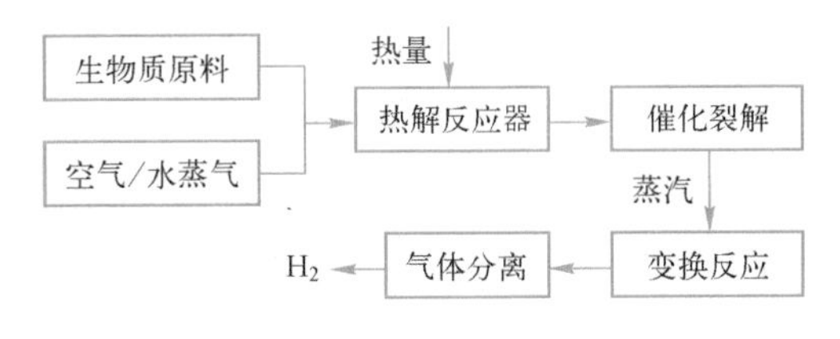

图 7-9　生物质热裂解制氢的工艺流程

在隔绝空气条件下，生物质热裂解制氢具有很多优势：工艺流程中不用大量加入空气，避免了 N_2 对气体的稀释，气体的能流密度提高，分离难度降低，减少了设备的体积和造价；生物质在常压下进行热解和二次裂解，避免了苛刻的工艺条件；以生物质原料自身的能量平衡为基础，不需要用常规能源提供额外的工艺热量；有相当宽广的原料适应性。

因此，生物质热裂解制氢工艺受到世界各国的广泛重视，美国相关研究团队对煤和生物质的高温热解过程进行了长期的研究，并制取了 H_2、CH_3OH 及烃类。美国 NREL 开发的生物质热裂解制氢工艺流程，经过变压吸附（PSA）装置后，H_2的回收率达到 70%，H_2的产量达到 10.19 kg/d，其设计的生物质热裂解反应器由于安装了红外辐射防护层，可以大大降低热裂解过程中的热量损失，使裂解在 800～1000℃ 即可进行，且产物中基本不存在木炭和焦油。

（3）生物质超临界转换制氢工艺

生物质超临界水气化制氢是将生物质原料与一定比例的水混合后，置于压力为 22～35 MPa、温度为 450～550℃的超临界条件下进行反应，产生 H_2 含量较高的气体和积碳。超临界水气化制氢的反应压力和温度都较高，对设备和材料的要求较为苛刻。水作为一种极性的具有高扩散和高传输性质的均相溶剂，能溶解任何有机化合物。超临界水制氢过程可以在热力学平衡条件下实现，水和有机化合物混合体系在没有界面传递限制的情况下可以进行高效率的化学反应。因此，转化率非常高（大于 90%），而且在气体组分中 H_2 的含量也相当高（达到 50%）。

超临界状态下水的介电常数较低、黏度小且扩散系数高，具有很好的扩散性与传递性，能够降低传质阻力，溶解大部分气体和有机成分，使热化学转换制氢反应达到均相，加速反应进程。图 7-10 是生物质超临界转换制氢工艺流程。我国对超临界水催化气化制氢进行了系统的理论与实验研究，并取得了一定的进展，有的已得到了含氢较高的气体，几乎不生成残炭。

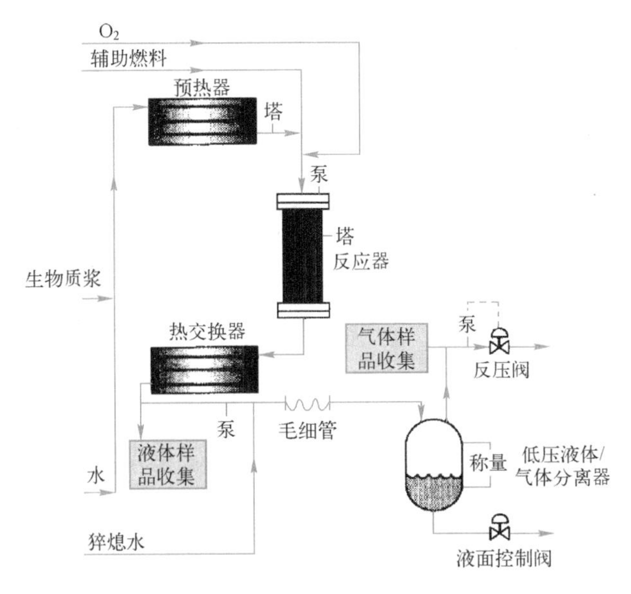

图 7-10　生物质超临界转换制氢工艺流程

生物质快速热解制取燃料油的技术和工艺也为生物质制氢提供了新的途径，水蒸气催化重整生物质裂解油制氢技术是可行的，但目前尚还处在实验室研究的探索阶段，如何改善催化剂的性能、确定最佳工艺条件及其他因素还需深入研究。

（4）生物质热解油重整制氢工艺

生物质热解油的水蒸气重整制氢是指利用水蒸气重整催化生物质裂解油制取氢气的过程，这种制氢方法具有以下优点：作为制氢原料的生物质裂解油不仅易于存储运输，而且在气化过程中不存在排灰除焦油等问题；生物质气化制氢难在进料方面，而生物质裂解油没有这个问题，通过油泵和喷嘴便可以实现生物质油的带压进料；生物质裂解得到的液体燃料油本身不能直接作为发动机燃料使用，必须经过后续工艺如加氢精制、催化裂解精制后方可得到高品位的燃料油，而采用生物质裂解油为原料制氢，也是一条新的裂解油后续加工途径。在目前各种生物质热裂解液化技术中，普遍认为，在常压下的快速裂解是最为经济的方法，并且在技术上也趋于成熟。以生物质快速裂解油制氢，在原料上有保障。生物质热解油重整制氢工艺如图 7-11 所示。

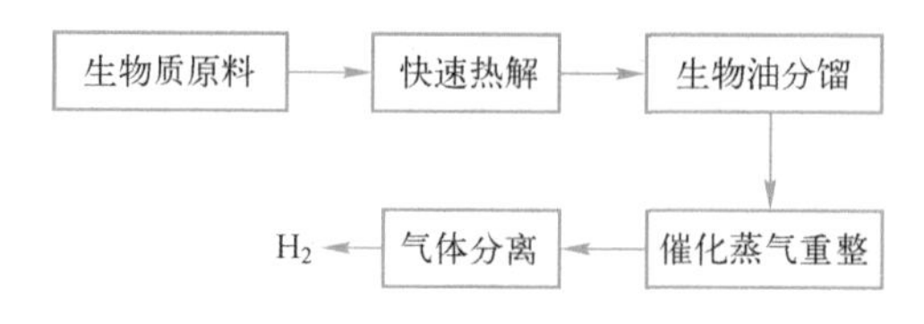

图 7-11 生物质热解油重整制氢工艺流程

2. 微生物法制氢工艺

目前开展的微生物法制氢研究主要集中在厌氧微生物法制氢、光合微生物法制氢、厌氧细菌和光合细菌联合产氢等工艺技术领域。

（1）厌氧微生物法制氢工艺

厌氧微生物法制氢工艺主要是以有机废水为原料，利用驯化厌氧微生物菌群的产酸发酵作用生产 H_2，形成了集生物制氢和高浓度有机废水处理为一体的综合工艺，厌氧微生物发酵方式大多是连续发酵，也有间歇发酵，两相厌氧处理工艺的产氢工艺流程如图 7-12 所示。

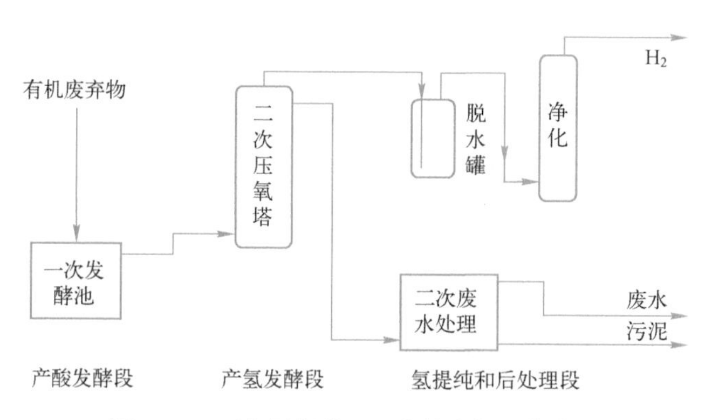

图 7-12 两相厌氧处理工艺的产氢工艺流程

目前，对厌氧微生物发酵法制氢的研究主要集中在产氢菌株和变异菌株的筛选和探索、使用 N_2或 H_2进行气体抽提以及提高 H_2 发酵生产速率的途径等方面。在这类异养微生物群体中，由于缺乏典型的细胞色素系统和氧化磷酸化途径，厌氧生长环境中的细胞面临着产能氧化反应造成电子积累的特殊问题，当细胞的生理活动所需要的还原力仅依赖于一种有机物的相对大量分解时，电子积累的问题尤为严重，因此，需要特殊的调控机制来调节新陈代谢中的电子流动，通过产生 H_2 来消耗多余的电子就是调节机制中的一种。目前，对于许多厌氧产氢细菌的生理学、还原剂产生途径、新陈代谢过程电子传递的分子生物学和生物化学等已经基本探明。

大多数厌氧细菌产生的 H_2 来自各种有机物分解所产生的丙酮酸的厌氧代谢，丙酮酸分解有甲酸裂解酶催化和丙酮酸铁氧化还原蛋白（黄素氧化还原蛋白）氧化还原酶（PFOR）两种途径，产氢量较低。1 mol 丙酮酸可以产生 1~2 mol 的 H_2，理论上只有将 1 mol 葡萄糖中 12 mol 的氢全部释放出来，厌氧产氢才具有大规模应用的价值。厌氧产氢量低的原因主要有两个，第一是自然进化的结果，从细胞生存的角度看，丙酮酸酵解主要用以合成细胞的自身物质，而不是用于形成 H_2；第二，所产生的 H_2 的一部分在吸氢酶的催化下被重新分解利用。通过新陈代谢工程以及控制工艺条件使电子流动尽可能用于产氢是提高厌氧细菌产氢的主要途径。

（2）光合微生物法制氢工艺

光合微生物法制氢的原料主要为藻类和光合细菌。微藻属于光合自养型微生物，包括蓝藻、绿藻、红藻和褐藻等，目前研究较多的主要是绿藻。光合细菌属于光合异养型微生物，目前研究较多的有深红红螺菌、球形红假单胞菌、深红红假单胞菌、荚膜红假单胞菌、球类红微菌、液泡外硫红螺菌等。

1）微藻光合生物制氢。

微藻光合生物制氢是通过微藻光合作用系统及其特有的产氢酶系把水分解为 H_2 和 O_2，以太阳能为能源、水为原料，能量消耗小，生产过程清洁。微藻光合生物制氢有直接光解产氢和间接光解产氢两种途径。直接光解产氢途径中，光合器官捕获光子，产生的激活能分解水产生低氧化还原电位还原剂，该还原剂进一步还原氢酶形成 H_2，如图 7-13 所示，即 $2H_2O \rightarrow 2H_2+O_2$。直接光解产氢是蓝细菌和绿藻所固有的一种很有意义的反应，使得能够利用地球上充足的水资源在不产生任何污染的条件下获得 H_2 和 O_2。Green-baum 等所做的研究表明，在低光强度和 O_2 分压极低的条件下，即消除了光饱和效应和氧气抑制效应，Chlamydomonos reinhardtii 的太阳能转化效率为 10%。而由于催化这一反应的铁氢酶对 O_2 极其敏感，所以必须在反应器中通入高纯度的惰性气体，形成一个 H_2 和 O_2 分压极低的环境，才能实现连续产氢。

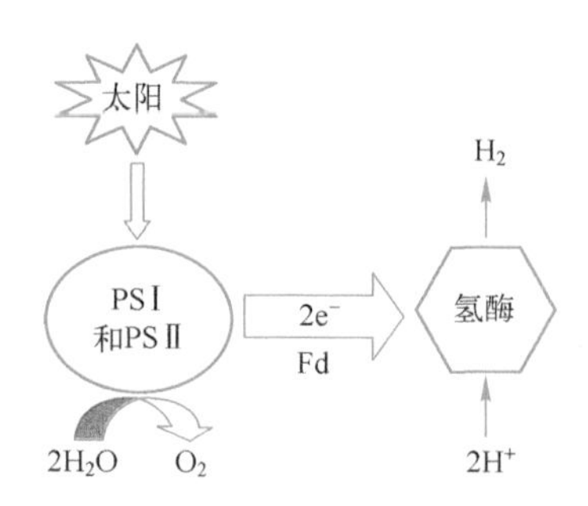

图 7-13 直接光解水产氢示意图

间接光解有机物产氢途径中，为了克服 O_2 对产氢酶的抑制效应，使蓝细菌和绿藻产氢连续进行，因为 H_2 和 O_2 分别在不同阶段或不同空间进行光分解蓝、绿藻生物质产氢，其具体产氢途径如图 7-14 所示。间接光解有机物产氢途径由以下几个阶段组成：在一个敞口池子中培养蓝、绿藻，储存碳水化合物；将所获得的碳水化合物（蓝、绿藻细胞）浓缩，转入另一个池子中；蓝、绿藻进行黑暗厌氧发酵，产生少量 H_2 和小分子有机酸，该阶段与发酵细菌作用原理和效果相似。理论上，1 mol 葡萄糖可以生成 4 mol H_2 和 2 mol 乙酸；若将暗发酵产物转入光合反应器中，蓝绿藻会进行光照厌氧发酵（类似光合细菌），继续将乙酸彻底分解为 H_2。

2）光合细菌产氢。

光合细菌产氢又称为厌氧光合产氢，分为细菌批次产氢和连续产氢两种形式。光合细菌批次产氢工艺流程的实验装置如图 7-15 所示。首先，将底物进行简单预处理后，加入产氢培养基；然后，接种高效产氢光合菌群后密封，将反应瓶置于光照生化培养箱内，提供恒温光照环境；最后，用排水法对气体进行收集。

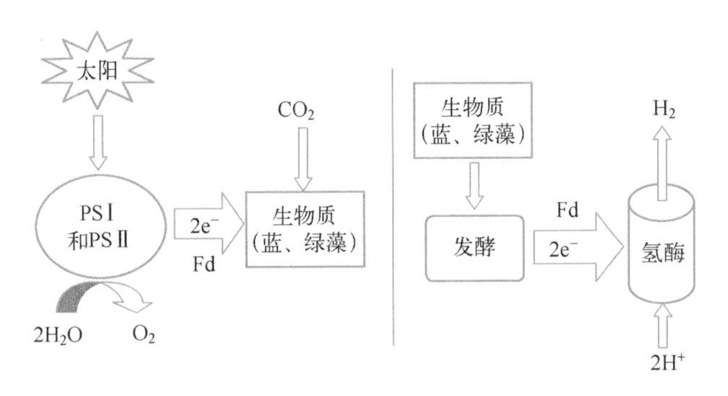

图 7-14　间接光解水产氢示意图

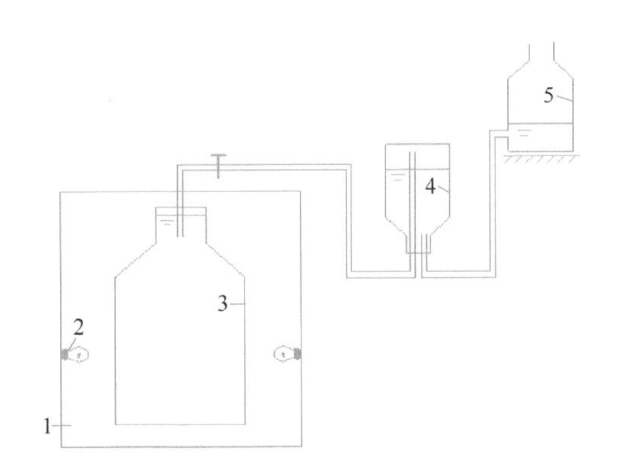

图 7-15　光合细菌批次产氢工艺流程的实验装置

1—恒温箱　2—光源　3—反应瓶　4—集气瓶　5—平衡瓶

光合细菌连续产氢工艺装置主要由部分循环折流式光生物反应器本体、太阳能聚光传输装置、光热转换及换热器、光伏转换和照明装置、氢气收集储存装置 5 部分组成。具体工艺流程如图 7-16 所示，采用太阳能聚集、传输与光合生物制氢等技术，使光合细菌在密闭光照条件下利用畜禽粪便有机物作供氢体兼碳源，完成高效率、规模化的连续代谢放氢过程，实现可再生的氢能源生产和工农业有机废物的清洁化利用。

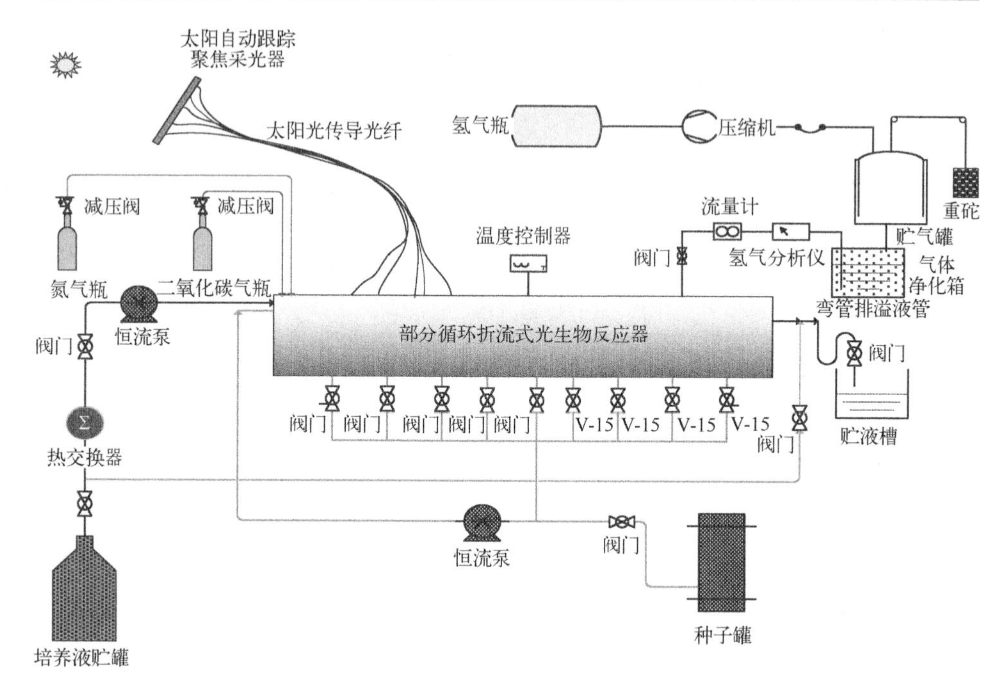

图 7-16　光合细菌连续产氢工艺流程

(3) 厌氧细菌和光合细菌联合产氢工艺

由于不同菌体利用底物的高度特异性，其所能分解的底物成分是不同的，光合细菌与厌氧细菌可以利用城市中的工业有机废水和垃圾为产氢底物，但要实现底物的彻底分解并制取大量的 H_2，还应考虑不同菌种的共同培养问题。图 7-17 为厌氧细菌和光合细菌联合产氢工艺流程示意图。

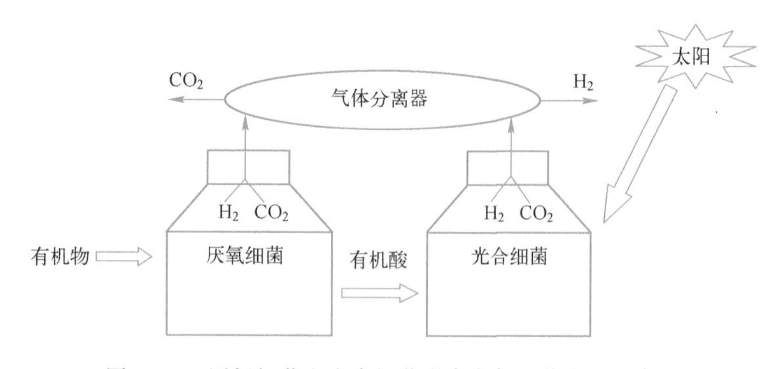

图 7-17　厌氧细菌和光合细菌联合产氢工艺流程示意图

一般来说，微生物体内的产氢系统（主要是氢化酶）很不稳定，只有进行细胞固定化才可能实现持续产氢，但固定化细胞技术会使颗粒内部传质阻力增大，出现反馈抑制，占据反应器的有效空间，使制氢成本增高，因此，固定化细胞技术仍需要深入研究。

7.1.4　生物质制氢的发展潜力

我国的生物质资源极其丰富，且其对环境友好、可再生，所以开展生物质资源转化新技术对我国经济的可持续发展以及环境保护都具有极其重大的意义。氢是一种热值高、无污染、清洁高效的能源，氢能作为最具有发展潜力的清洁能源将在社会的经济发展中发挥重要作用。用储量丰富、环境友好、可再生的生物质资源制氢是一条可持续发展的绿色途径。目前，生物质资源制氢已表现出很好的经济性和环境友好性。大规模热裂解和气化制氢可以大大降低生产成本，是未来的发展趋势；生物质超临界水气化制氢具有高效、无二次污染等优点，是未来生物质热化学技术的研究重点之一。与生物质直接气化相比，生物油更容易通过水蒸气催化重整制取较高氢碳比的富氢合成气，通过进一步变换、纯化可以获得 H_2。随着对可再生生物质资源制氢技术的深入研究，生物质制氢技术必将取代传统的制氢技术。

从节能环保和降低氢气成本来看，获取氢能最理想的途径是用可再生能源如生物质能、风能等来生产。以垃圾、粪便和各种农作物秸秆为原料，通过发酵等生物工艺技术，产生沼气和 H_2，甚至城市污水等也可生产 H_2，这是典型的真正意义上的良性循环。氢处于自然界的再生循环中且氢的供应方式几乎是无限的，因而在生成与可持续方面完全可以满足未来的要求。氢能不但在使用过程中可以做到零排放，而且在氢的生产中也可以做到不排放 CO_2，这对人体健康和环保是非常有利的。

生物制氢技术仍处于不成熟阶段，现有的技术提供了实际应用的潜力，但是要使生物制氢系统更具有商业竞争力，就必须使产氢速率满足燃料电池的要求，用以发电或进行实际的工作。更深入的研究必须以提高产氢速率和产氢量为目标，优化生物反应器设计、快速排出和净化气体、产氢酶类的基因修饰将给生物制氢技术带来广阔的发展前景。提高产氢速率会极大地减小反应器的尺寸，这将有利于克服实际工程中反应器按比例放大的困难，而创造更多实际应用的机会。

生物制氢及氢能-电能转化一体化装置的整合是实现生物制氢发电技术的关键。未来氢能源的应用领域将会非常广泛，其中以燃料电池为代表的新一代发电技术，以其特有的高效率和环保性引起了全世界的关注，极具开发和利用价值。目前以氢能为动力的氢动力车，已经问世并投入使用。随着“氢经济社会”的到来，无污染、低成本的可再生生物质资源制氢技术将具有广阔的应用前景。

7.2 氢能发电技术

随着氢气制备与安全储运技术以及电能变换与控制技术的不断发展和日趋成熟，氢能发电技术即将获得广泛应用，特别是 PEMFC 发电系统还具有工作温度低、无烟气排放、伪装性能优良等优点，在国防、人防和民用领域都有极高的应用价值。

7.2.1 氢能发电分类及相关原理

氢能发电是一种清洁高效的发电方法，主要包括利用氢能发电机发电和利用燃料电池发电两种形式。氢能发电机主要以 H_2 和 O_2 为燃料，利用内燃机原理，经过吸气、压缩、爆炸、排气过程，带动发电机产生电流输出。氢燃料电池是由隔离阳极和阴极的电解质构成的，其基本原理是电解水的逆反应，即利

用 H_2 和 O_2 直接经过电化学反应而产生电能。同时，H_2 还可以作为燃料通过产生蒸汽进行发电。

1. 氢燃料电池

氢燃料电池是一种化学电池，它利用物质发生化学反应时释出的能量，直接将其转换为电能。这种发电方式没有振动，基本没有污染，排放物中只有极少量的氧化氮。从这一点看，它和其他化学电池如锰干电池、铅蓄电池等是类似的。但是，它工作时需要连续地向其供给反应物质（燃料和氧化剂），这又和其他的化学电池有所不同。由于它是把燃料通过化学反应释出的能量转换为电能输出，所以被称为燃料电池。

具体地说，氢燃料电池是将 H_2 和 O_2 的化学能直接转换成电能的发电装置。其原理示意图如图 7-18 所示，基本原理是电解水的逆反应，把氢和氧分别供给阳极和阴极，氢通过阳极向外扩散和电解质发生反应后，放出电子通过外部的负载到达阴极。最初，电解质板是利用电解质渗入多孔的板而形成的，现在发展为直接使用固体的电解质。

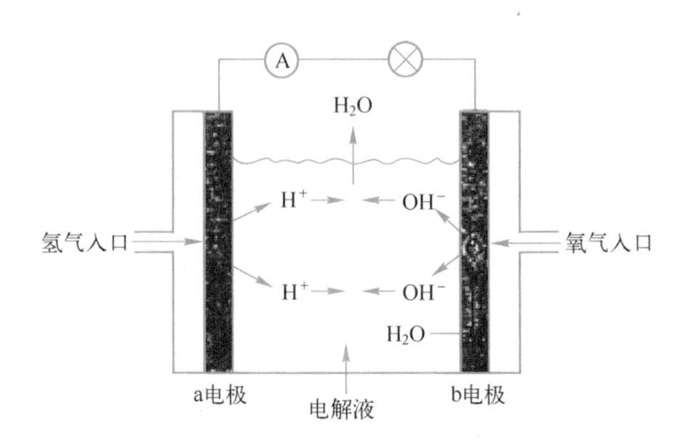

图 7-18　氢燃料电池原理示意图

（1）氢燃料电池的分类

根据电解质种类可以将燃料电池分为 5 大类，分别是碱性燃料电池（AFC）、磷酸燃料电池（PAFC）、熔融碳酸盐燃料电池（MCFC）、质子交换膜燃料电池（PEMFC）和固体氧化物燃料电（SOFC）。

1）碱性燃料电池（AFC）。

在碱性燃料电池中使用的电解质通常是氢氧化钾溶液，常用铂作为催化剂，部分碱性燃料电池在非铂体系下具有电化学反应速率快的特性。一般来说，正负极反应如下。

阳极反应：$2H_2+4OH^-=4H_2O+4e^-$。

阴极反应：$O_2+2H_2O+4e^-=4OH^-$。

碱性燃料电池一般在大约80℃的工作环境下拥有相对良好的性能。技术特点主要在于启动后响应非常迅速，但能量密度却只有质子交换膜燃料电池的密度的十几分之一。由于电解质为碱性溶液，在实际应用中，AFC如果采用空气作为氧化剂，则空气中的CO_2会大幅降低它的寿命。有鉴于此，AFC必须用纯氧作为氧化剂，这直接增加了AFC商业应用的成本。因此，目前AFC的商业应用率不高，仅常用于一些特殊的军工领域。

2）磷酸燃料电池（PAFC）。

磷酸燃料电池使用液体磷酸为电解质，通常位于SiC基质中，磷酸电解质在常温下是固体，在40℃左右能发生相变。H_2在阳极催化剂作用下被氧化成质子，之后质子和水结合形成水合质子（H_3O^+），并伴随生成两个自由电子。电子向阳极运动，同时水合质子向阴极迁移，具体的电极反应表达如下。

阳极反应：$H_2+2H_2O=2H_3O^++2e^-$。

阴极反应：$O_2+4H^++4e^-=2H_2O$。

磷酸燃料电池中铂碳作为催化剂，工作温度为150~220℃，效率在40%以上。与碱性燃料电池的特性不同，磷酸燃料电池可以使用空气作为阴极反应气体，也可以采用催化重整气作为燃料，这使得它在固定电站中有广泛的运用。

3）熔融碳酸盐燃料电池（MCFC）。

熔融碳酸盐燃料电池的电解质是熔融态碳酸盐，隔膜材料一般是铝酸锂，正极和负极分别为锂的氧化镍和多孔镍。这种材料在650℃会发生相变，产生

CO_3^{2-}，与氢结合生成水、CO_2 和电子，电子则通过外部回路返回阴极，发生的化学反应如下。

阳极反应：$CO_3^{2-}+H_2=H_2O+CO_2+2e^-$。

阴极反应：$2CO_2+O_2+4e^-=2CO_3^{2-}$。

MCFC 的导电离子是 CO_3^{2-}，CO_2在阴极为反应物，而在阳极为产物。CO_2 会在电池的工作过程中循环，即阳极产生的 CO_2返回到阴极，以确保电池连续地工作。熔融碳酸盐燃料电池是目前单机容量最大的燃料电池，也是最接近商业化的高温燃料电池。MCFC 除了作为分布式发电、将容量放大外，还可以与整体煤气化联合循环发电相结合，组成更加高效的整体煤气化燃料电池系统（Integrated Gasification Fuel Cell，IGFC），其发电效率在 55%以上，并可以同时实现近零排放。

4）质子交换膜燃料电池（PEMFC）。

质子交换膜燃料电池由质子交换膜和电极构成，其原理相当于电解水的逆过程，图 7-19 为其组成示意图。质子交换膜具有选择性，氢质子可以穿过膜迁移至阴极，而电子则只能通过外接电路来转移。当电子通过外接电路定向移动时，直流电就形成了，整体的化学反应式如下。

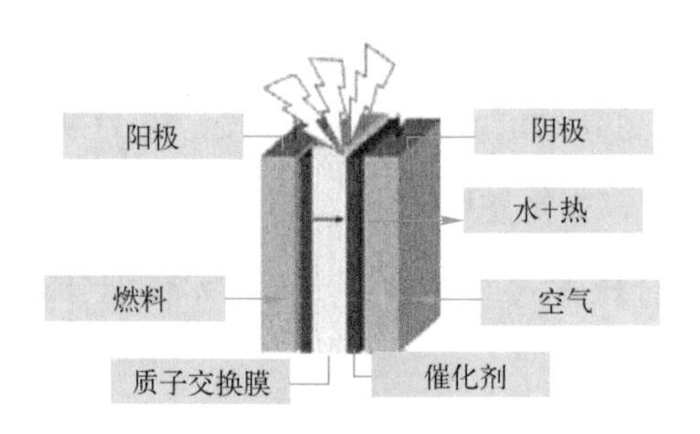

图 7-19　质子交换膜燃料电池组成示意图

阳极反应：$2H_2=4H^++4e^-$。

阴极反应与 PAFC 的反应式相同，即 $O_2+4H^++4e^-=2H_2O$，均为 O_2 得电子与氢离子结合生成水的过程。

在电池内部的质子交换膜是质子传递的通道，交换膜定向地控制质子从阳极转运到阴极，与外电路的电子运输共同构成完整电路，因此质子交换膜的性能优劣直接影响电池的供能稳定性和整体使用寿命。

5）固体氧化物燃料电池（SOFC）。

SOFC 是一种被划分在中高温区的燃料电池，是一种全固态化学发电装置。SOFC 的原理如图 7-20 所示。SOFC 的电解质是固体氧化物，其在高温下具有传递 O^{2-} 的能力，能够传导 O^{2-}、分隔氧化剂和燃料。在阴极，氧气分子发生还原反应生成 O^{2-}。在隔膜两侧电势差与氧浓度差的双重作用下，O^{2-} 定向跃迁到阳极侧与燃料进行氧化反应。

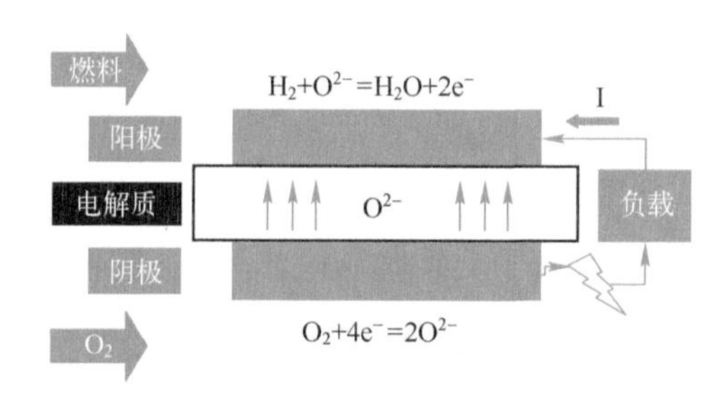

图 7-20　固体氧化物燃料电池原理图

与第一、二代燃料电池（分别以磷酸燃料电池和熔融碳酸盐燃料电池为代表）相比，SOFC 具有更高的电流以及功率密度。并且从经济性考量，SOFC 不需要贵金属催化剂，可以直接使用 H_2、乙醇等常见燃料。发电过程中还能提供高品位的余热能，结合压缩式或吸收式热泵技术，能够较好地实现热电联产，综合能量利用率高达 80%。

（2）氢燃料电池系统组成与优点

1）氢燃料电池的组成。

为维持氢燃料电池的正常运转，必须持续供应氢和氧，并及时排除反应产物（水）和废热。以航天器中所应用的燃料电池为例，电池组由以下 4 部分组成。

① 氢氧供给分系统：航天器携带的氢和氧采用超临界液态贮存，可缩小贮罐体积，解决失重条件下气、液态的分离问题，但要求贮罐绝热性能好、耐低温、耐高压（氧罐为6 MPa、氢罐为3~3.5 MPa）。

② 排水分系统：主要有动态排水和静态排水两种方式。前者把带有水蒸气的 H_2 循环输送到冷却装置，使水蒸气冷凝成水进行分离；后者依靠多孔纤维编织材料（如灯芯）将冷凝后的水吸附出来，又称灯芯排水。电池组排出的水经净化后可供航天员饮用或作冷却剂。

③ 排热分系统：电池组通过冷却剂（如乙二醇水溶液）循环，将废热带到辐射器向外排放，以维持电池组正常工作的温度范围。

④ 自动控制分系统：包括电池组工作压力、温度、排水与排气、电压、安全和冷却液循环等的控制与调节。所测量的参数传送到航天员座舱的显示器或由遥测设备发回地面。当电池组出现故障时，自动切换到备份电池组供电。

2）氢燃料电池的优点。

① 零污染：燃料电池属于清洁能源的一部分，由于其反应过程就是无污染的水反应，不会产生污染物，其主要污染物来自于燃料，可能存在氮氧化物等污染。相对于普通火力发电的空气污染以及传统电池的重金属污染而言，燃料电池对环境的污染程度远远降低。而氢燃料电池，其燃料为纯净无污染的 H_2，相对其他燃料而言，废气中也不存在污染物。可以说，氢燃料电池就是一种能真正实现零污染的环保能源。

② 高效的能量转换效率：氢燃料电池的发电效率也处于较高的水平。在各种发电方式中，传统火力发电效率为30%左右，远低于氢燃料电池平均的40%~60%的发电效率。而在汽车领域的应用中，氢燃料电池的效率可达60%，也高于目前汽车普遍使用的内燃机效率。总体而言，氢燃料电池的能量转换效率在其类似替代能源中都处于较高水平。

③ 易于获得燃料：氢是宇宙中最常见的元素，氢及其同位素占到了太阳总质量的84%，而且宇宙质量的75%都是氢。氢分子在地球上不是以天然的

气体的形式存在，大部分氢结合氧存在于水中，可以说水资源在一定程度上代表了氢能的储存量。

④ 动态响应性好、供电稳定：氢燃料电池发电系统对负载变动的影响速度快，无论是处于额定功率以上的过载运行，还是处于低于额定功率的低载运行，它都能承受，并且发电效率波动不大，供电稳定性高。

⑤ 发电环境友好：发电时不会排放尘埃、SO_2、氮氧化物和烃类等火力发电时会排放的污染物。氢氧电池按电化学原理工作，运动部件很少，因此工作时安静，噪音很低。

⑥ 自动运行：氢氧燃料电池的发电系统是全自动运行的，其机械运动部件很少、维护简单、费用低，适合做偏远地区、环境恶劣以及特殊场合（如空间站和航天飞机）的电源。

⑦ 采用模块结构：氢氧燃料电池的电站采用模块结构，由工厂生产各种模块，在电站的现场集成、安装、施工简单，可靠性高，并且模块容易更换，维修方便。

⑧ 安全性高：H_2 的分子量为 2，仅为空气的 1/14，因此，氢气泄漏于空气中会自动逃离地面，不会形成聚集。而其他燃油燃气均会聚集在地面而构成易燃易爆危险。

2. 氢气发电机

氢气发电机是以 H_2 为原料的发电机，利用内燃机原理，经过吸气、压缩、爆炸、排气过程，带动发电机产生电流输出。发电机内的 H_2 在发电机的两端风扇的驱动下，以闭式循环方式在发电机内部做强制循环流动，使发电机的铁芯和转子绕组得以冷却。其间，H_2 流经位于发电机四角处的四个氢气冷却器，经氢气冷却器冷却后的 H_2 又重新进入铁芯和转子绕组做反复循环，氢气冷却器的冷却水来自闭式循环冷却水系统。

常温下的 H_2 不怎么活跃，但当 H_2 与 O_2 或空气混合后，如果被点燃则会发生爆炸。因此，要求发电机内的 H_2 纯度不低于 96%，O_2 含量不超过 2%，而且在置换气体时，使用惰性气体进行过渡或采用真空置换，以避免 H_2 和 O_2 直接混合，防止发生爆炸。

3. 氢产生蒸汽发电

氢直接产生蒸汽发电是德国宇航中心正在探究的一种直接燃烧氢并生成蒸汽的发电方法。这是一种紧凑、高效、无污染的产生蒸汽的新装置，它将按化学比例混合的氢与氧直接燃烧（最高温度可达 2800℃），再加水稀释，以增加热的流量，并可以适当降低温度，使之符合汽轮机的要求。

4. 氢作为燃料发电

氢直接作为燃料发电是指在普通内燃机中以氢为燃料，直接使内燃机带动发电机发电。可以分为全氢燃料内燃机发电，或在汽（柴）油中加 5%（重量百分比）氢作为燃料开动内燃机发电两种方式。后一种方式可以节省 25%~30%的汽（柴）油，总功率可以提高 14%。在氢资源有保证且条件允许的情况下，用氢直接作为燃料也是一种很好的发电方法。

7.2.2　氢能发电技术应用

1. 在电力系统中的应用

基于氢燃料电池的氢储能发电是解决电力系统弃风、弃光问题的有效手段之一。氢储能发电主要由电解水装置、储氢装置、燃料电池等组成，能够实现 H_2 的就地制取、存储及利用，避免了 H_2 的长距离输送。在大多数地区，每天后半夜是用电低谷时段，此时电力系统对于可再生能源发电的消纳能力进一步降低，因此可以把多余的电量用于电解水制氢，并利用氢气装置加以存储，从而减少系统弃风、弃光的问题；在午间等用电高峰时段，通过氢燃料电池进行发电，可以缓解高峰时段用电紧张的问题。

氢储能发电属于电力系统中调峰资源的一种，其核心是利用 H_2 可存储、与电力之间相互转换便捷的特点。通过在电力系统中配置氢储能发电，能够平衡大规模可再生能源发电并网带来的波动，增强电力系统总体的安全性、可靠性和灵活性，进一步提高可再生能源的利用率，从而减少 SO_2、氮氧化物、烟尘等大气污染物和温室气体的排放，推动电力系统绿色发展。此外，氢储能发电还可以作为分布式电站和应急备用电源，应用于城市配电网、高端社区、偏远地区等场合。虽然氢储能发电对于保障电力系统实时平衡具有一定作用，但受其可替代性较强及起步较晚等因素的影响，氢储能发电在电力系统中的应用还比较少。

2. 在交通运输领域中的应用

相较而言，随着燃料电池技术逐渐趋于成熟，氢燃料电池在交通运输领域正异军突起，并步入商业模式创新与批产阶段。氢燃料电池汽车具有无污染、零排放、无噪声、无传动部件的优势，相比于充电电池驱动的纯电动汽车，续航里程更长，充电时间更短，在包括重型卡车、大巴车、叉车等几乎所有类型的汽车中均可适用。

从全球范围看，世界各国已对氢能及氢燃料电池汽车的发展进行了战略布局，期望未来可以通过氢燃料电池的大规模使用减少环境污染并降低对石油的依赖度。以走在氢能产业发展前列的日本和美国为例，日本是资源短缺型国家，能源资源的对外依存度整体都很高，加快推动氢能产业的发展对于日本降低能源对外依存度、保障能源安全具有重要意义。2014 年 4 月，日本政府制定了“第四次能源基本计划”，明确提出了加速建设和发展“氢能社会”的战略方向。同年 6 月，日本经济产业省制定了“氢能与燃料电池战略路线图”，提出了实现“氢能社会”目标分三步走的发展路线图：到 2025 年要加速推广和普及氢能利用的市场，到 2030 年要建立大规模氢能供给体系并实现氢燃料发电，到 2040 年要完成零碳氢燃料供给体系建设。日本丰田汽车公司是世界上燃料电池乘用车商用化较为成功的公司之一，丰田 Mirai 是全球首款真正实现商业化大量销售的燃料电池车，可达到加氢 3~5 min，续航 700 km 的用车需求。

美国是氢能经济的发起者，也是最主要的推动国家之一。1970 年，美国开始布局氢能技术研发，2002 年，美国政府制定了美国氢能发展路线图，颁布了一系列法令，加快了氢能产业的发展。2009 年金融危机以来，美国政府减少对氢能领域的财政支持，转向支持清洁能源、电动汽车等技术相对成熟、短期内利于经济复苏的产业，对氢能的发展带来了一定影响。2012 年，美国总统奥巴马提交 2013 财年政府预算，其中 63 亿美元拨往美国能源局用于燃料电池、氢能、车用替代燃料等清洁能源的研发和部署。随后，重新修订了氢燃料电池的政策方案，对美国国内任何运行的氢能基础设施实行 30%~50% 的税收抵免。2020 年，美国投资 4500 万美元用于发展先进氢能与燃料电池技术。据美国能源局统计，2016 年美国氢能产业创造了约 1.6 万个就业岗位，氢燃料电池汽车超过 3500 辆，加氢站达到 60 座。

国内方面，我国《能源技术革命创新行动计划（2016—2023 年)》中将先进燃料电池研究和燃料电池分布式发电作为重要战略研究方向，据统计，2018 年我国氢燃料电动汽车产量达 1619 辆。氢能在交通运输领域的消耗量也将大大提升，2050 年将达到 2458 万 t/年，占交通领域整体用能的 19%，相当于减少 8357 万 t 原油、1000 亿 m^3 天然气或 1.2 亿 t 标准煤。其中，交通领域中氢能消费占比最大的是货运领域，高达 70%，是交通领域氢能消耗增长的主要驱动力。钢铁行业是工业领域氢能消耗增长的主要驱动力，2030 年前化工领域氢能消耗将持续增长，但 2030 年后化工领域整体产量将会下降，氢能消耗也将随之下降。

3. 在军事方面的应用

氢燃料电池在军事方面也有很多应用，例如，碱性燃料电池（AFC）电源早已成功地用于美国阿波罗登月宇宙飞船和航天飞机；德国西门子公司还做了采用100kW的AFC作为潜艇不依赖空气（AIP）运行的动力电源试验。我国从20世纪60年代末开始研究AFC，20世纪70年代成功研制了两种石棉膜型、静态排水的AFC系统，并分别通过了例行的航天环境模拟试验。20世纪80年代又成功研制了千瓦级水下用AFC。但由于AFC对CO_2和N_2均十分敏感，因此它主要用于航天领域，不适于地面应用。

质子交换膜燃料电池（PEMFC）发电技术也十分成熟，并因其工作温度低、比能高、启动快、寿命长，在国防军事和民用各领域都有极其重要而广阔的应用前景，目前其应用研究正在世界范围内掀起高潮。20世纪60年代，美国国家航空航天局（NASA）在双子星座宇航飞行中开始应用PEMFC电源；1989年，西门子公司开始研究基于PEMFC电源的AIP潜艇；1996年，荷兰海军开始设计和试验用于常规舰艇的PEMC-柴油机混合能源供应系统；1997年，俄罗斯开始建造柴电-燃料电池混合动力潜艇。20世纪60年代中期，美国陆军开始研制士兵用PEMFC便携电源，现已开发出多种单兵便携式PEMFC电源装备。

英国国防评估和研究机构对固体氧化物燃料电池在未来海军船只上的应用情况进行了鉴定，认定是符合水面舰艇动力要求的集中动力系统中的最佳方案，计划利用其在船只停泊时提供1~2 MW的电能。而荷兰海军的研究表明，如果M型护卫舰的能源供应系统用燃料电池和柴油机混合设计，和平时期可以节约燃料25%~30%。除了进行可行性论证，荷兰海军还先后完成了关于燃料电池的设计与试验，试验表明，变化条件对燃料电池的性能无明显影响，所以PEMFC在军舰上的应用有很大的发展前景。PEMFC在进行工作时，因其工作温度合适、工艺相对简单、比功率高、安全可靠，再加上目前各国的集中研发，技术进步较快，因此在多种AIP系统中，PEMFC是最有潜力的。且PEMFC对提高潜艇隐蔽性和作战灵活性具有重要的军事意义，PEMFC潜艇有可能成为继传统的柴油机潜艇和核潜艇之后的第三代潜艇。

4. 在可移动电源方面的应用

随着互联网信息化时代的来临，手机、计算机、相机等电子产品几乎人手一台，其总量是非常惊人的。在使用这些电子产品的过程中，很多时候需要用到电池来供应能量。现在电池市场上大部分是锂离子电池，这种电池目前已经难以满足人们对电子产品使用的需要。如何研发得到应急供电和稳定性更好的氢燃料电池，这是电池厂商所需要思考的问题。在氢燃料电池的研发方面，如何使电池使用更加方便，且原料容易获取，这是氢燃料电池发展的一个重要方向。

据报道，美国的摩托罗拉公司以PEMFC作为手机的电池，使其连续待机时间可以达到1000 h，一次充足燃料后通话时间可达100 h。日本的东芝公司适用便携电子设备的PEMFC电源的功率范围为数十瓦至数百瓦，足以满足野外供电、应急供电以及高可靠性、高稳定性供电的需要。此外，氢燃料电池还应用于便携式充电器上。如Horizon公司推出了一款名为MiniPak的便携式质子交换膜燃料电池套件，其所使用的燃料可以通过电解水产生，然后进行存储携带燃料，只需十几毫升水，便可为相机、手机和GPS设备提供10 h的电力。整个电池套件仅重150 g，非常轻便，可以随身携带，并且该充电器可用于任何带USB接口的设备，其对水也没有任何要求，即便是污水也可以正常工作，这样就不用担心手机中途没电了。

7.3　氢能发电的发展潜力

发电企业将是未来电解水制氢发展的重要推动者，电网公司也有参与的可能性。短期来看，利用可再生能源制氢将是电解水制氢降低成本最主要的方式，对于发电企业来说也是增加收益的一种有效手段。目前，以国家能源集团为代表的发电企业已经在氢能产业展开布局。就利用可再生能源发电制氢来说，可再生能源发电与氢能需求存在地域上的逆向分布，可充分利用电网的跨区电力资源配置能力，通过先输电再制氢以避免大规模长距离的氢能储运。因此以电制氢还需以经济性为目标，充分发挥发电企业和电网企业的资源优势，共同谋划氢能经济。

氢燃料汽车仍是氢燃料电池最主要的利用方式，但相较于纯电动汽车，氢燃料汽车将以续航里程数长的长途车及重卡等大型车辆为主。我国贫油的资源禀赋决定着必定坚持发展新能源汽车的战略方向，尤其是随着风、光等可再生能源发电技术的日益成熟，未来整体发电成本将会逐渐降低。随着氢燃料汽车相关配套基础设施的成熟，以续航里程、充电速度见长的氢燃料汽车，将在续航里程数长的长途车以及重卡等大型车辆中占据一定优势，并与纯电动汽车彼此间相互渗透。

同时，一些发达的欧美国家已经加快了加氢站的建设步伐，燃料电池汽车开始进入商业化的示范阶段。从《全球加氢站统计报告》中可以看出，2017年，欧洲有106座加氢站，亚洲有101座加氢站，北美有64座加氢站，还有个别分布在其他区域。从每年的增长量上看，日本最多，然后就是欧洲的国家。从近几年的整体趋势上看，很多国家已经开始加快了加氢站建设的速度。据德国LBST发布了“第13次全球加氢站评估报告”显示，到2020年底，全球共建成553座加氢站，全年新投运107座加氢站。

新常态背景下，氢能源可能成为下一代的基础能源。2020年，我国的氢燃料电池技术进入了示范应用阶段，并将于2030年实现大规模的推广应用。从目前的形势上看，氢燃料电池技术尚处于成本较高、基础设施配套不完善、环境污染相对较大、制氢能耗较高的一个发展状态。但是，在技术的推动下，氢燃料电池技术开始与时俱进，不断发展，给石化行业带来了新的挑战与机遇，并一跃成为战略性新兴产业之一。因此，新能源汽车的发展要想从本质上上升一个台阶，就需要将轻量化材料和高端化材料开发介入新能源汽车的产业链发展中，在良好的协同下，秉承科学发展观的主要思想，保证氢燃料电池技术的可持续发展。

第8章　我国生物质发电技术发展目标及其路线图

近年来，我国生物质发电技术取得了长足发展，其中部分技术达到了国际先进水平，但是相对于欧美发达国家的生物质发电技术还存在一定差距，主要表现在生产工艺水平、效率和装置的自动化程度不够。虽然可以借鉴、学习和应用国际的先进技术，但是鉴于我国国情、自身生产生活水平现状、生物质本身性质差别等因素，国际先进技术落地我国在一定程度上存在不适应的问题。因此，必须因地制宜、因物制宜，开发适合我国发展的技术，构建具有中国特色的新模式。

8.1　总体目标

我国生物质发电技术的总体目标如下。

2020年前后，着力提升和推广生物质直燃发电、生物质气化发电、生物质厌氧发酵产电耦合资源化利用、生物质耦合燃煤发电、生物质制氢及氢能发电等系列技术，有效提高生物质能的高效应用水平，建设50 MW级水平的直燃发电、10 MW级水平的气化发电、500 MW级水平的混燃热电联产示范工程；生物质燃气总规模年产不低于4000万m^3；突破农林和畜牧废物能源化工技术、生物质液体燃料清洁制备与高值化利用技术中的产业化关键问题，探索农林和畜牧废物能源化工产品、生物质液体燃料规模化生产路径，建设和推广年产万吨级液体燃料示范工程；创新解决主动型生物质能源的培养与转换技术，建设多个藻类能源化示范项目；解决环境问题，同时实现能源化利用，无害化率达到90%，能源化率、资源化率达到80%，替代能源2.5亿t标准煤。

2030年前后，开发高效低成本生物质发电工业化生产关键技术。以高效利用我国丰富的农林废物资源生产清洁电力为目标，通过低结渣、低腐蚀、低污染排放的生物质直燃发电技术研究，混燃发电计量检测技术突破，高效洁净的气化发电技术突破和技术装备规模化产业创新，发展100MW级水平的生物质直燃发电站、1000MW级生物质混燃发电工程和分布式兆瓦级生物质气化发电工程。建立年生物质原料处理能力10万t以上的生物质燃气工程，实现生物质能能源化利用，并联产化工产品等，达到无害化全覆盖，能源化率、资源化率达到90%，替代能源10亿t标准煤。

2050年前后，实现农林废物全部资源化利用，构建农林废物能源化综合利用产业链，形成具有竞争力的商业化运营能力；实现畜禽粪便的高值高效能源化工利用，畜禽粪便综合利用率达到90%以上，构建“种-养-能”循环农业体系，基本实现规模化养殖场粪便零排放；建设“代谢共生产业园”，实现各类生物质能全量协同利用，大幅提高乡村废物综合利用的有效性和经济性，实现区域内单一工程对各类乡村废物的处置利用；提升生物质能源在总能源消费中的比例，实现无废物排放的同时，能源化率、资源化率达到100%。

8.2 具体目标

(1) 生物质直燃发电技术

大力开展生物质直燃锅炉核心技术研究，吸收国外引进设备技术经验，打破技术瓶颈，开发国产自主高效直燃锅炉。解决引进设备机组无法安全稳发、满发问题，破除直燃发电行业依赖国外企业的影响。重点研究和开发符合我国国情的燃料收集、储存和运输一体化集成系统，以减少电厂的运营成本，提高发电效率。鉴于小规模直燃发电系统中蒸汽参数难以提高、经济性差，需要优先建设大规模（大于10 MW）直燃发电系统，提高产业经济性。最终实现国产生物质直燃发电系统的安全、稳定和高效运行，提升产业效益，促进生物质直燃发电产业的发展。

（2）生物质气化发电耦合资源化利用

生物质气化发电的最大优势在于规模灵活、效率稳定、较易实现多联产耦合资源化的利用，充分发挥其自身优势，进一步实现该技术的广泛运用是主要的发展方向和目标。首先，发挥生物质气化发电技术规模灵活的特点，实现设备系统的进一步集成化和高效化，使得小型生物质气化发电系统可以被广泛地运用于社区、村落、工厂甚至单个建筑之中。这要求生物质气化发电系统在系统设计上进行进一步的革新和发展，通过耦合燃料电池、循环利用能量等手段进一步提高小型系统的能量利用效率，并且实现设备的小型化。其次，发挥生物质气化发电效率稳定的特点，实现生物质气化发电设备的大型化和规模化，利用规模化的优势提高发电效率，并实现系统的稳定运行，进一步降低单位发电的运行成本，实现成功的商业化运行。这一方面要求对大型处理设备进行攻关研发，另一方面要求进一步优化发电系统，利用多级循环利用等方式提高能量利用效率，并引进新型的管理系统与管理技术。最后，发挥生物质气化交易实现多联产的特点，充分耦合资源化利用，在气、热、电联产之外，针对客户的资源特点和生产需要，充分发挥气化焦炭、气化灰渣的资源特性，提高该技术的环境友好性，降低间接成本，实现生物质的能源资源化高效、高品质利用。

（3）生物质厌氧发酵产电耦合资源化利用

生物质能将成为未来可持续能源系统的重要组成部分。沼气技术是一种综合利用有机废物，其厌氧发酵产沼发电系统稳定，发酵后沼渣可转变为优质原料，因而生物质厌氧发酵产沼气再进行发电实现耦合资源化利用的同时，还可以通过有机肥施用改良土壤，减少化肥使用。一方面，研发运行成本低、经济效益好的规模化生物质干法沼气技术，以实现高效、连续、低成本产沼气的目标；另一方面，重点开发高效沼气净化系列技术，降低对沼气发动机设备的影响且减少有害物质的排放，同时研发燃烧速度快、热负荷小且排气温度低的沼气发电内燃机，提升沼气的燃烧效率。形成生物质资源化、能源化利用领域的技术创新和集成技术创新，积极建立相关科技研发平台，尽快拥有自主知识产权的核心技术，为促进可再生能源的开发利用、改善能源结构、增加能源生产渠道、缓解能源供应的紧张局面提供有力的技术支撑。

（4）生物质耦合燃煤发电技术

生物质耦合燃煤机组发电技术为我国电厂转型提供了新的方向，是推动我国能源结构优化进程的最佳模式之一。一方面，采用生物质气化耦合方式对生物质原料预处理的要求较低，能够扩大生物质的利用范围，显著提高农林废弃生物质的资源利用率。另一方面，生物质耦合燃煤发电技术的开发能够解决煤炭资源短缺、燃煤产生的大气污染、生物质露天堆积引起周边环境污染以及资源浪费等问题，具有良好的社会、经济和环境效益。因此，在借鉴国内外先进技术基础上，结合当前我国生物质资源利用和燃煤发电的实际情况，解决生物质耦合燃煤机组发电技术难点，构建适应我国国情的生物质耦合燃煤机组发电技术体系，为后续该技术的进一步推广应用创造条件。

（5）生物质制氢及氢能发电技术

氢能被誉为21世纪的绿色能源，生物质原料可以通过气化催化、热裂解、厌氧微生物发酵、光合微生物作用等方法制取氢气。立足国家对新能源开发利用及清洁生产等重要战略需求，通过氢燃料电池、氢气发电机等方式实现氢能的高效利用，推进氢能发电技术在交通运输、电力系统、军事领域及移动电源等行业的应用与推广。氢能源将可成为下一代的基础能源。

8.3 技术路线图

我国生物质发电技术发展路线图如图8-1所示。

图 8–1　生物质发电技术发展路线图

第9章　结论与建议

9.1　我国生物质发电现状及问题

生物质直接或间接来自植物的光合作用，一般取材于农林废物、生活垃圾及畜禽粪便等，其来源广泛、储量丰富，且具有环境友好、成本低廉和碳中性等特点。同时，生物质是唯一可转化为气、液、固三种形态的二次能源和化工原料的可再生能源。本书主要聚焦于生物质，根据生物质产生的方式和特点，可以将其分为两类生物质，一类是人类主动种植生产的能源作物，称之为主动型生物质，包括含油、含糖、含淀粉、含纤维素类的植物和水藻等；另一类是人类社会生产生活过程中产生的有机废物，如农林废物、人畜粪便、农副产品加工废物、生活垃圾等，称之为被动型生物质。

目前，迫于能源短缺与环境恶化的双重压力，各国政府在技术、政策、市场等多重支撑下，高度重视生物质资源的开发和利用。据估测，地球每年经光合作用产生的生物质约1700亿t，相当于2015年世界一次能源消费量的5倍，但目前人类对生物质资源的利用率仅占总量的3.5%。据统计，我国每年产生城乡生活垃圾约3亿t，秸秆、蔬菜剩余物等农村生物质资源约10亿t，薪柴和林业废物约1.5亿t，畜禽粪便约40亿t，总产生量达到约55亿t。由于开发利用水平不足以及管理政策的缺陷等原因，我国生物质能（商品能源）占比不到可再生能源开发量的 10%；但在欧洲，生物质能是最大的可再生能源，比重已占到可再生能源的 60%。依据不同生物质能源化利用方式，聚集生物质发电技术。目前，我国在该领域存在以下问题。

1. 总体概述

我国生物质能开发利用存在利用效率低、产业规模小、生产成本高、工业体系和产业链不完备、研发能力弱、技术创新不足等一系列问题，特别是受秸秆收集量的限制，我国建立的生物质热电联产电厂的单机容量较小，规模效益差。

2. 生物质直燃发电

小型化发电技术水平落后，且无推广应用。我国的生物质直燃发电厂的核心技术和装备主要包括秸秆燃烧控制技术、直燃锅炉技术、炉前给料技术及秸秆锅炉和给料设备，但在锅炉系统、控制系统、配套辅助设备工艺等方面与欧洲国家还有较大差距，燃烧装置沉积结渣和防腐技术需要突破。

3. 生物质气化发电耦合资源化

我国生物质气化发电在原料预处理及高效转化与成套装备研制等核心技术方面仍存在瓶颈。近年来生物质气化发电技术从单一的供热供电逐渐开始向耦合资源化利用的方向发展，但总体上这些发电工程相较于主流的火电工程，其功率和效率还是较低，并且在成本控制、规模化运行等方面仍然有诸多不足，虽然已有长期运行的发电工程，但在总体上仍然处于示范和研究阶段。

4. 生物质厌氧发酵产电耦合资源化利用

沼气技术目前依旧存在产沼过程失稳严重、沼液消纳难、沼渣复配有机肥效益差、过程污染物控制难、抗生素和重金属等有害物质阻滞发酵过程且难以去除等问题。

5. 生物质气耦合燃煤发电技术

直接混燃存在生物质掺烧量难以计量、生物质电量难以确定以及掺混方式对入炉前预处理要求各异等缺点。间接混燃则是生物质气化耦合燃煤发电技术，可以增强燃烧区的还原气氛、减少 NO_x 污染物排放，同时能够显著降低炉内烟气中的飞灰含量，降低出口灰尘排放、换热面积灰和结渣程度，还能促进燃烧区煤粉的燃烧，提高锅炉燃烧及运行的稳定性，但目前国家政策不明确，阻碍该技术进一步发展。

6. 生物质制氢及氢能发电技术

近几年来，国内科研单位在生物质制氢方面取得了明显进展。各研究单位提出了循环流化床气化合成制氢技术路线、串联流化床零排放制氢技术路线、生物质直接制氢技术路线、超临界法制氢技术路线、太阳能催化水解生物质及超临界水制氢路线等，但目前都处于小试到中试阶段，规模化应用有待开发。

9.2 政策保障及建议

发展生物质发电技术，必须与双碳目标实现、乡村振兴等国家重大战略相结合，加强顶层设计。要统筹考虑各种需求，进行系统设计规划；要协同考虑能源、资源、环境、生产模式、生活方式等，进行多元技术集成；要通过工业化的手段实现技术的规模化、组织化、装备化；采用市场化的运行模式，将资本运作、技术服务、商品交易等融入生物质能产业的发展中。必须转变农村零散化、个体化的生产生活模式，相对集中种植和养殖，相对集中人居区域，以实现连片发展、协同发展、规模发展。如建立农村代谢共生产业示范区，以农村代谢产物资源化的利用为控制因素，设计并规划养殖、种植、人居规模耦合的区域，实现废物的近零排放与资源的最大化利用，构建生产-生活-生态一体化协调发展的新农村发展模式。为实现我国生物质发电技术的发展目标，需从模式创新、关键技术攻关、技术示范与应用及规模产业化等方面提供政策与措施保障。

（1）模式创新

积极探索创新农业发展的新模式，推进建立种植-养殖一体化的生态养殖模式，在最大程度上保护生态环境，促进种植养殖的融合发展；针对农村畜禽散养现状，推进建立猪地产集中养殖模式，实现污染物的相对集中排放和处理；针对规划化养殖企业，推进建立猪公寓养猪模式，提倡立体养殖，在污染物排放相对集中且减少病害的同时，最大限度地节约空间。其中，猪地产、猪公寓模式，在其他畜禽、水产养殖业和大棚蔬菜、水果及花卉等种植业也适用。

（2）关键技术攻关

推动有关部门完善与生物质科技发展相关的政策和法规，落实国家投资补贴和税收减免政策，制订促进快速发展生物质能源燃料替代行动计划，制定示范工程推广应用补助政策，推进制定补贴生物质发电与高效循环利用产品、企业及用户的政策；加强平台建设并完善技术创新体系，依托科研院所、大学和大型骨干企业，组建工程技术中心及重点实验室；设立重大专项，对生物质直燃发电、生物质气化产电耦合资源化、生物质厌氧发酵产电耦合资源化利用、生物质耦合燃煤发电技术、生物质制氢及氢能发电技术等方面的关键技术方向开展重点攻关，为生物质规模化应用发展做技术铺垫；推进生物质能源化利用相关领域人才培育纳入人才规划纲要。

（3）技术示范与应用

要建立一套先进、程序简单、成本低的生物质能源化利用示范应用体系，如农村代谢共生产业示范区建设，加强其收购、运输、储存、加工等环节的配套衔接，示范应用时政府应及时给予优惠价格扶持，并保证生物质能源利用政策的持续性，降低其因高成本带来的风险；需要充分利用市场机制的作用来培育生物质应用的市场环境，并不断吸引私人资本的投入，保持生物质利用创新活力；从生物质利用示范应用项目审批到实践应用的各个环节都要给予充分支持，保证建设过程顺畅；也需要不断将政策纳入法律当中，不断推进政策立法，从而保证政策持续性，增强投资人信心。

（4）规模产业化

要构建生物质产业技术创新和支撑服务体系，加大企业技术创新的投入力度。发展一批企业主导、产学研用紧密结合的生物质产业技术创新联盟，支持联盟成员建立专利池、制定技术标准等；要加强知识产权体系建设，健全知识产权保护相关的法律法规，制定适合我国生物质产业发展的知识产权政策；要加强我国生物质利用技术指标体系建设，制定并实施生物质产业发展规划，建立标准化与科技创新和产业发展协同跟进机制，在重点产品和关键共性技术领域同步实施标准化；要加强信息技术与生物质利用的融合，依托云计算、“互联网+物联网”等智能化、规模化、专业化的技术手段，推进市场配置的智慧管理，加大生物质收集、转移、利用、处置等环节的远程控制力度。

参考文献

[1] 翁丽娟．生物质发电的技术现状及发展［J］．建材与装饰，2016（2）：237-238.

[2] 王剑利，张金柱，吉金芳，等．生物质燃煤耦合发电技术现状及建议［J］．华电技术，2019，41（11）：32-35.

[3] 王颀晨．传统电力行业转型路径研究——以生物质发电为例［J］．科技视界，2019（13）：38-39.

[4] 高金锴，佟瑶，王树才，等．生物质燃煤耦合发电技术应用现状及未来趋势［J］．可再生能源，2019，37（4）：501-506.

[5] 王志伟，雷廷宙，陈高峰，等．瑞典生物质能发展状况及经验借鉴［J］．可再生能源，2019，37（4）：488-494.

[6] 王跃峰．德国新能源发电发展和运行研究［J］．中国电力，2020，53（5）：1-9.

[7] 李利，刘蔚，张廷军，等．生物质沼气热电联产工程应用分析［J］．中国沼气，2018，36（6）：85-88.

[8] 刘华财，吴创之，谢建军，等．生物质气化技术及产业发展分析［J］．新能源进展，2019，7（1）：1-12.

[9] 李锋，董彩军，白晓龙，等．公共餐厨垃圾饲料化项目生产可行性探讨［J］．现代食品，2016（5）：5-6.

[10] 袁世岭，李鸿炫，毛捷，等．餐厨垃圾饲料化处理的研究进展［J］．资源节约与环保，2013（7）：78，80.

[11] GEORGANAS A，GIAMOURI E，PAPPAS A C，et al. Bioactive compounds in food waste：A review on the transformation of food waste to animal feed［J］. Foods，2020，3（9）：291.

[12] 宋文涛．餐厨垃圾与饲料化［J］．农家参谋，2017（19）：219.

[13] 任霞，徐静．餐厨垃圾饲料化的专利技术分析［J］．粮食与饲料工业，2016（11）：32-36.
[14] 刘雪梅，赵蓓．农林废弃物吸附废水中重金属的研究进展［J］．现代化工，2018，38（12）：39-42.
[15] 刘亦陶，魏佳，李军．废弃生物质水热炭化技术及其产物在废水处理中的应用进展［J］．化学与生物工程，2019，36（1）：1-10.
[16] 赵佳颖，周晚来，戚智勇．农业废弃物基质化利用［J］．绿色科技，2019，22：232-234，241.
[17] 仇维佑，陆荣超，奚小波，等．园林废弃物生物质炭化装备设计及仿真研究［J］．农业装备技术，2019，45（5）：10-13.
[18] 向永超，樊敢洲，刘国山．基于小型炭化炉的农林废弃物炭化试验研究［J］．环境工程，2016，34（S1）：650-652，678.
[19] 朱敬平．城市污水污泥的处理技术及处置工艺研究［J］．科技创新与应用，2019，24：111-112.
[20] 张瑜．热解炭化技术应用于工业污泥处理的研究［J］．再生资源与循环经济，2019，11（12）：34-37.
[21] SHEN Y F. A review on hydrothermal carbonization of biomass and plastic wastes to energy products［J］. Biomass and Bioenergy，2020，134：105479.
[22] 张丛丛．生物质直燃发电锅炉控制方案设计与应用［D］．济南：山东大学，2016.
[23] 严鑫，吴明锋．生物质发电及能源化综合利用［J］．山西电力，2014，189（6）：52-55.
[24] 孙立，张晓东，等．生物质发电产业化技术［M］．北京：化学工业出版社，2011.
[25] 盖晓英．秸秆发电燃料输送系统［J］．起重运输机械，2008（1）：33-36.
[26] 宋景慧，湛志刚，马晓茜，等．生物质燃烧发电技术［M］．北京：中国电力出版社，2013.
[27] 李英丽，王建，程晓天．生物质成型燃料及其发电技术［J］．农机化研究，2013，35（6）：226-229.
[28] 王海波，刘海勇．浅谈生物质能直燃发电站锅炉炉型和炉排［J］．科技资讯，2019，17

(34)：53，55.

[29] 叶雯．水冷振动炉排秸秆直燃锅炉的研发与应用［J］．工业锅炉，2009（3）：1-5.

[30] 盖东飞，吕英胜，王磊，等．水冷振动炉排锅炉在生物质直燃发电厂中的应用［J］．工业锅炉，2011（6）：27-30.

[31] 黄长华，程永霞．生物质直燃发电厂锅炉炉型选择探讨［J］．南方能源建设，2015，2(2)：70-75.

[32] 郎丽萍．生物质循环流化床锅炉技术介绍［J］．电站系统工程，2019，35（4）：27-29.

[33] 任晓平，唐欣彤，孙晓婷，等．生物质成型燃料循环流化床燃烧技术探讨［J］．应用能源技术，2019（1）：17-19.

[34] 祁少飞．生物质循环流化床锅炉预期存在的问题及预防措施［J］．现代工业经济和信息化，2019，9（2）：49-51.

[35] 刘强．循环流化床生物质直燃锅炉运行问题与设计优化［J］．工业锅炉，2019（6）：19-22.

[36] 童家麟，吕洪坤，齐晓娟，等．国内生物质发电现状及应用前景［J］．浙江电力，2017，36（3）：62-66.

[37] 唐黎．广东粤电湛江生物质发电项目（2×50 MW）工程热工自动化设计及优化方案介绍［J］．企业科技与发展，2010（14）：137-140.

[38] 张晶晶．关于农林生物质直燃发电项目的现状、问题及建议［J］．广东化工，2014，41(15)：137-138.

[39] 李廉明，余春江，柏继松．中国秸秆直燃发电技术现状［J］．化工进展，2010，29(S1)：84-90.

[40] LIU L W，YE J H，ZHAO Y F，et al. The plight of the biomass power generation industry in China：A supply chain risk perspective［J］. Renewable and Sustainable Energy Reviews，2015，49：680-692.

[41] 王忠华．生物质气化技术应用现状及发展前景［J］．山东化工，2015，44（6）：71-73.

[42] 中华人民共和国农业农村部．重点流域农业面源污染综合治理示范工程建设规（2016—2020年）[EB/OL]．(2017-03-24)．http://journal.crnews.net/nybgb/2017n/dssq/xygh/62756_20170522 042442.html.

[43] 朱颢，胡启春，汤晓玉，等．我国农作物秸秆资源燃料化利用开发进展 [J]. 中国沼气，2017，35 (2)：115-120.

[44] 常圣强，李望良，张晓宇，等．生物质气化发电技术研究进展 [J]. 化工学报，2018，69 (8)：3318-3330.

[45] KHAN Z, YUSUP S, AHMAD M M, et al. Integrated catalytic adsorption (ICA) steam gasification system for enhanced hydrogen production using palm kernel shell [J]. International Journal of Hydrogen Energy, 2014, 39 (7): 3286-3293.

[46] 孟群．整个生命周期的环境影响评价 (LCA) [N]. 世界金属导报，2020-03-24 (B14).

[47] SANSANIWALA S K, PAL K, ROSEN M A, et al. Recent advances in the development of biomass gasification technology: a comprehensive review [J]. Renewable and Sustainable Energy Reviews, 2017, 72: 363-384.

[48] 高正伟，武震，陈王琦，等．生物质气化中焦油特性及其处理 [J]. 广州化工，2015，43 (23)：50-52，84.

[49] KALIBCI Y, HEPBASLI A, DINCER I. Life cycle assessment of hydrogen production from biomass gasification systems [J]. International Journal of Hydrogen Energy, 2012, 37 (19): 14026-14039.

[50] 刘宝亮，蒋剑春．中国生物质气化发电技术研究开发进展 [J]. 生物质化学工程，2006，40 (4)：47-52.

[51] 许玉，蒋剑春，应浩，等．3000 kW 生物质锥形流化床气化发电系统工程设计及应用 [J]. 生物质化学工程，2009，43 (6)：1-6.

[52] KUO P C, WU W. Design and thermodynamic analysis of a hybrid power plant using torrefied biomass and coal blends [J]. Energy Conversion and Management, 2016, 111: 15-26.

[53] 刘爱虢，王冰，翁一武，等．生物质-燃料电池/燃气轮机发电系统特性研究 [J]. 农业机械学报，2014，45 (8)：178-183.

[54] 陈昊．生物质热载体循环流化床气化系统集成 [D]. 北京：北京化工大学，2016.

[55] 姚振鹏．生物质气燃料电池-燃气轮机混合动力系统特性分析 [D]. 上海：上海交通大学，2012.

[56] 李军，韩冰，李玉忠．信息技术在生物燃料发电的应用 [J]. 集成电路应用，2020，37

(4): 112-113.

[57] 韩小霞，胡从川，韦古强，等．生物质气化热电联产发展概述［J］．建设科技，2016(13)：79-81.

[58] 李学琴，时君友，雷廷宙，等．生物质秸秆气化灰渣基多元素农作物复合肥的研制［J］．吉林农业大学学报，2016，38（5）：605-612.

[59] 涂湘巍．稻秸秆气化灰渣的理化性质及煤焦孔结构表征方法的研究［D］．上海：华东理工大学，2015.

[60] 杨茹．生物质气化灰肥效及其复配工艺的研究［D］．郑州：河南农业大学，2007.

[61] 李江浩．玉米秸秆氢氧化钾及蒸汽爆破耦合预处理厌氧发酵产沼气研究［D］．北京：北京化工大学，2015.

[62] 李东，孙永明，袁振宏，等．原料比例和 pH 值对厨余垃圾和废纸联合厌氧消化的影响［J］．过程工程学报．2009，9（1）：53-58.

[63] WANG P, WANG H T, QIU Y Q, et al. Microbial characteristics in anaerobic digestion process of food waste for methane production-A review [J]. Bioresource Technology, 2018, 248: 29-36.

[64] SOROKIN D Y, MAKAROVA K S, ABBAS B, et al. Discovery of extremely halophilic, methyl-reducing euryarchaea provides insights into the evolutionary origin of methanogenesis [J]. Nature Microbiology, 2017, 2: 17081.

[65] 孟昭满．生活垃圾填埋产沼的提取净化利用［J］．中国环保产业，2007，12：49-51.

[66] 胡明成，龙腾瑞，李学军．沼气脱硫技术研究新进展［J］．中国沼气，2005，23（1）：16-19.

[67] 甄峰，李东，孙永明，等．沼气高值化利用与净化提纯技术［J］．环境科学与技术，2012，35（11）：103-108.

[68] 林玉刚，张玉忠．离子改性 Y 分子筛的脱硫性能和脱附行为［J］．石油学报（石油加工），2011，27（4）：527-531.

[69] 胡明成，龙腾瑞．沼气生物脱硫新技术［J］．中国沼气，2007，25（2）：15-19.

[70] 田玲，邓舟，夏洲，等．变压吸附技术在沼气提纯中的应用［J］．环境工程，2010，28(5)：78-82.

[71] 黄艳芳，马正飞，刘晓勤，等．用CO_2吸附法分析分子筛的孔结构［J］．离子交换与吸附，2009，25（4）：338-345.

[72] 张无敌，宋洪川，尹芳，等．沼气发酵与综合利用［M］．昆明：云南科技出版社，2004.

[73] 宋灿辉，肖波，史晓燕，等．沼气净化技术现状［J］．中国沼气，2007，25（4）：23-27.

[74] 袁振宏，吴创之，马隆龙，等．生物质能利用原理与技术［M］．北京：化学工业出版社，2016.

[75] 周孟津，张榕林，蔺金印．沼气实用技术［M］．2版．北京：化学工业出版社，2009.

[76] 李海滨，袁振宏，马晓茜，等．现代生物质能利用技术［M］．北京：化学工业出版社，2011.

[77] 赵立欣，董保成，田宜水．大中型沼气工程技术［M］．北京：化学工业出版社，2008.

[78] 陈勇．中国能源与可持续性发展［M］．北京：科学出版社，2007.

[79] 邓良伟，陈子爱．欧洲沼气工程发展现状［J］．中国沼气，2007（5）：23-31.

[80] 孟海波，朱明，王正元，等．瑞典、德国、意大利等国生物质能技术利用现状与经验［J］．农业工程技术（新能源产业），2007（4）：53-56.

[81] PEREZ-JELDRES R, CORNEJO P, FLORES M, et al. A modeling approach to co-firing biomass/coal blends in pulverized coal utility boilers: Synergistic effects and emissions profiles [J]. Energy, 2016, 120: 663-674.

[82] MUN T Y, TUMSA T Z, LEE U, et al. Performance evaluation of co-firing various kinds of biomass with low rank coals in a 500 MW_e coal-fired power plant [J]. Energy, 2016, 115: 954-962.

[83] ROKNI E, REN X H, PANAHI A, et al. Emissions of SO_2, NO_x, CO_2, and HCl from Co-firing of coals with raw and torrefied biomass fuels [J]. Fuel, 2018, 211: 363-374.

[84] ALI U, AKRAM M, FONT-PALMA C, et al. Part-load performance of direct-firing and co-firing of coal and biomass in a power generation system integrated with a CO_2 capture and compression system [J]. Fuel, 2017, 210: 873-884.

[85] 毛健雄．燃煤耦合生物质发电［J］．分布式能源，2017，2（5）：47-54.

[86] WANG X B, HU Z F, WANG G G, et al. Influence of coal co-firing on the particulate matter

formation during pulverized biomass combustion [J]. Journal of the Energy Institute, 2019, 92 (3): 450-458.

[87] 向鹏, 吴跃明, 祁超, 等. 生物质气化-燃煤耦合发电气化模型研究 [J]. 分布式能源, 2018, 3 (1): 1-6.

[88] 吴跃明, 吴智泉. 660 MW 超临界燃煤锅炉引入生物质气再燃方案及运行特性分析 [J]. 分布式能源, 2018, 3 (1): 14-20.

[89] 周高强. 燃煤与生物质气化耦合发电技术方案分析 [J]. 内燃机与配件, 2016, (12): 133-135.

[90] 吴国强, 倪浩. 生物质气化耦合燃煤锅炉对燃烧安全性的影响 [J]. 科技创新与应用, 2017, (19): 68, 70.

[91] 徐皓鹏, 任少辉, 邵敬爱, 等. 对冲锅炉生物质气与煤粉混燃模拟研究 [J]. 洁净煤技术, 2018, 24 (5): 61-67.

[92] HU X, DONG C, LU Q, et al. The influence of biomass gasification gas on the reduction of N_2O emissions in a fluidized bed [J]. Energy Sources Part A: Recovery Utilization and Environmental Effects, 2013, 35 (15): 1410-1417.

[93] 刘晓伟. 生物质气化焦油脱除方法及优化研究 [D]. 保定: 华北电力大学, 2009.

[94] 冀佳蓉, 王运军. 国外生物质发电技术研究进展 [J]. 山西科技, 2014, 29 (3): 59-61.

[95] 李全新, 袁丽霞. 可再生生物质资源制氢技术的研究进展 [J]. 石油化工, 2010, 39 (2): 107-116.

[96] 徐东海, 王树众, 张钦明, 等. 生物质超临界水气化制氢技术的研究现状 [J]. 现代化工, 2007 (S1): 88-92.

[97] 闫桂焕, 孙立, 许敏, 等. 生物质热化学转化制氢技术 [J]. 可再生能源, 2004 (4) 116.

[98] 王金全, 王春明, 张永, 等. 氢能发电及其应用前景 [J]. 解放军理工大学学报 (自然科学版), 2002 (6): 50-56.

[99] 马成乡. 氢燃料电池的应用研究进展 [J]. 山东化工, 2015, 44 (9): 64-65.

[100] 陈曈, 周宇昊, 张海珍, 等. 氢燃料电池发展现状和趋势 [J]. 节能, 2019, 38 (6): 158-160.

[101] 徐洪流．氢燃料电池技术应用现状及发展趋势分析［J］．科技与创新，2019（2）：160-161.

[102] 陈济颖，郑家阳，祝晓强．燃料电池发电技术的发展现状与应用研究［J］．新型工业化，2019，9（9）：106-110.

[103] 张全国，安静，王毅，等．可见光谱对混合光合细菌产氢和生长特性的影响［J］．太阳能学报，2010，31（3）：391-395.

[104] 王革华，艾德生．新能源概论［M］．北京：化学工业出版社，2006.

[105] 毛宗强．氢能：21 世纪的绿色能源［M］．北京：化学工业出版社，2005.

[106] 刘荣厚．生物质能工程［M］．北京：化学工业出版社，2009.

[107] 袁宏振，吴创之，马隆龙，等．生物质能利用原理与技术［M］．北京：化学工业出版社，2005.

[108] 日本能源学会．生物质和生物能源手册［M］．史仲平，华兆哲，译．北京：化学工业出版社，2007.

[109] 张全国，雷廷宙．农业废弃物气化技术［M］．北京：化学工业出版社，2007.

[110] 黄元森，杨虚杰．光合作用机理的寻觅者［M］．济南：山东科学技术出版社，2004.

[111] 蒋建雄，孙建中，李霞，等．我国草木纤维素类能源作物产业化发展面临的主要挑战和策略［J］．生物产业技术，2015（2）：22-31.